The Maniacs Series

幻の日本陸軍中戦車

チト

~湖に消えた日本陸軍の戦車~

＋チヌ/チリ
マニアックス

あかぎ ひろゆき【著】
かの よしのり【監修】

はじめに

　本書は、日本の帝国陸軍が本土決戦に備えて開発した三式中戦車（チヌ）、四式中戦車（チト）、五式中戦車（チリ）について、現存する少ない写真と図面などをもとに解説したものである。

　また、本書は主としてアニメ『ガールズ＆パンツァー』のファンや、模型好きな初心者の戦車マニアを対象としている。その一方で、戦車について一定の知識をおもちの日本軍マニアや模型マニアなど、コアでマニアックな読者諸氏にも楽しんでいただけるように執筆した。

　さらに、三式中戦車（チヌ）、四式中戦車（チト）、五式中戦車（チリ）のみならず、各々の派生型車輌や関連する諸外国軍の戦車などにも言及している。このうち、アニメ『ガールズ＆パンツァー』にもアリクイさんチームの車輌として登場し、日本軍マニア以外のアニメファンにも知られる「三式中戦車（チヌ）」だけは、166輌が量産されて（60輌とか78輌という説もあるが）本土決戦に備えて温存された。

　しかし、ほかの2車種つまり四式中戦車（チト）および五式中戦車（チリ）は、試作車のみの製造で終戦を迎えている。もし、これらが一定数量産されて米英連合国軍の戦車と砲火を交えたとしたら、どこまで善戦できたのだろうか？

　また、当時の日本が総力を結集したとしても、諸外国の戦車に互するものは開発し得なかったのだろうか？　そして、やはり当時の日本戦車は外国軍（たとえば、弱い軍隊の代名詞である「第二次世界大戦時のイタリア軍」が開発したP40戦車など）と比較して、弱かったのだろうか？　それでは、決して豊富ではない現存資料と写真から、上記コンテンツについて読者とともに検証していくこととしよう。

2023年1月　　　著者記す

Contents

～「幻の戦車」調査プロジェクト～

猪鼻湖に沈められた チトを探せ！

「四式中戦車（チト）」第1回探索時における、準備状況。探索メンバーらは、軽トラに鉄パイプなどの資材を搭載後、現地へ向かう

採取した湖底の堆積物。湖底にはヘドロなどが堆積しており、堆積層は3mとも7mともいわれていた。しかし採取の結果、調査地点の堆積は20～30cmだったようだ

軽トラに積載していた鉄パイプで、根気よく堆積物を突いて探索中、突然金属音が生じた。おっ、なにかあるぞ？

第2回探索時に使用した、米国製のサイドスキャン・ソナー「KLEIN SYSTEM 3000」。静岡県静岡市の建設総合コンサルタント「フジヤマ」の協力を得て、探索が進められた

自社製のプラモデルを使用して、探索スタッフに対し説明を行う、ファインモールド社長の鈴木邦宏氏。予想されるチトの沈底姿勢などを説明中の様子

ソナーが探知した物体を表示する、ノートパソコン。怪しい物体を発見した場合、別画面に拡大表示する機能もある

　日本陸軍マニアの間では、「四式中戦車（チト）」が静岡県浜名湖の支湖である「猪鼻湖」に沈んでいるらしいことは、以前から知られていた。しかし、たまたま本書を読んで初めて知った、という方もいるだろう。

　そこで、本書の第1章5項でも述べる「幻の戦車調査プロジェクト」について、これまでの経緯を「ステキみっかび発信プロジェクト（SM@Pe）」から提供いただいた写真とともにお伝えしよう。

　さて、本プロジェクトには"戦車の専門家"として、プラモデルメーカー「ファインモールド」の鈴木邦宏社長が参加していた。ファインモールドは戦車から戦闘機までさまざまなプラモデルを販売しており、当然ながら日本陸軍中戦車チト／チヌ／チリもラインナップに入っており、日本陸軍マニアから好評を得ている（くわしくはP8〜9を参照のこと）。これらのプラモデルは「幻の戦車調査プロジェクト」でも、マスコミへ調査報告を行ううえでおおいに役立っていた。

第3回目の探索はダイバーによる目視であり、初日は神奈川県からボランティアとして「コーワ潜水」が参加した。写真は、潜水準備中の様子

マスコミの取材に対し、"戦車の専門家"としての立場から、チトの自社製プラモデルを使って解説する鈴木社長

鈴木社長が持参した、ファインモールドの自社製プラモデル。マスコミおよび探索スタッフへの説明用で、立体物ゆえに写真よりも説得力があっただろう

潜水調査の3日目は、「ブルーアンドスノーダイビング」が担当。3名のダイバーが、鉄筋を手にして湖底へ向かう。この鉄筋で、堆積物を突いたのだ

探索終了後、宿泊先の「松島館」にて、スマッペのスタッフと潜水調査の成果を確認中のダイバーたち

　そしてもう1人、NPO法人「防衛技術博物館を創る会の代表理事」で、静岡県御殿場市にある自動車整備会社「カマド」の社長でもある小林雅彦氏も、アドバイザーを努めている。同氏は、鈴木社長とともに探索スタッフに必要な助言を行うなど、本プロジェクトを陰で支援していたのだ。また同氏は、クラウドファンディング「九五式軽戦車、いよいよ英国から日本へ！　里帰りの実現に向けてご支援を」のプロジェクトを率いた人物としても知られ、2023年の春には御殿場にて走行披露する予定となっている。

　チトの探索は、2012年から2015年にかけて、過去4回にわたり実施されてきた。初の探索は2012年11月25日（日）で、まずは湖底を鉄パイプで突く原始的な方法から始められた。その作業ポイントは以下のとおりで、

1. 湖面に作業範囲を特定するためのブイを浮かべ、その範囲内を一定間隔で探索
2. 湖底の堆積物の量を確認
3. 鉄パイプによる探索で戦車の沈んでいる位置を特定し記録する

金属音を探知したものの、その収録には失敗している。

チト探索のランドマークとなる、「瀬戸橋（写真手前）と「新瀬戸橋（奥）。2014年の探索は、雨の中スタートした

フネの両舷から、磁気探査用センサーが吊られているのがわかる。これを湖底から2m上方の位置に維持しながら、くまなく移動しつつ探査していった

磁気探査2日目当日は、強風で作業困難だったが、太鼓橋の付近は比較的風が弱かった。ここで、磁気探査機材の設定を行った

磁気探査2日目の作業で、強い金属反応が生じた地点の湖底図を広げて説明する、フジヤマのスタッフ

続く2回目の探索はソナーを使用した「音波探索」で、2012年12月19日（水）に実施された。この音波探索では、湖底に4m×2mの人工物と思しき物体の存在を認めたものの、特定には至らなかった。

3回目に行われたのがダイバーが目視で探す「ダイバー調査」で、これは2013年1月5日（土）、1月6日（日）、7日（月）の3日にわたって実施された。このダイバー調査では、神奈川県茅ヶ崎市を拠点に上下水道施設や河川および海洋などでの潜水作業を手がけている「コーワ潜水」や東京都世田谷区のダイビングスクール「ブルーアンド

スノーダイビング」、プロダイバーの山本遊児氏のチームが参加した。

2014年12月16日（火）にはクラウドファンディングにより実現した「磁気探査」を実施。この4回目の調査は17日（水）、18日も行われ、金属反応が高い場所を特定することができている。さらに2015年3月15日（日）には、再度、湖底を突くという原始的な探索を行ったが、チト発見には至らなかった。だが現在（2023年）も周辺住民へのヒヤリングなどが継続中なので、こうした関係者の熱意があれば、いつの日かチトが姿を現すことになるだろう。

長さ5mの鉄パイプを2本接続したものを積載後、もう1本は船上で接続して探索作業を行った

2015年3月、磁気探査の結果をもとに、鉄パイプで湖底を突くことに。写真は鉄パイプを接続中の様子で、これを使い水深12m程度の探索を行った

探索スタッフが鉄パイプで1時間ほど湖底を突いてみたものの、残念ながら金属音などの成果はなかった

日本陸軍中戦車

チト/チヌ/チリを プラモで再現！

ファインモールドは愛知県豊橋市に本社兼工場が所在する、日本のプラモデルメーカーである。モデラーの読者諸氏にはもはや説明不要だとは思うが、ご存じない読者もいるだろう。そこで、簡単に同社とその製品について述べてみたい。

さて、同社社長の鈴木邦宏氏は、戦車模型が好きだった。模型作りに熱中するあまり、実家の木工業をクビになり、金型職人に転身したという。その後、会社を設立し、現在に至っている。同社は、決してメジャーとは言えない旧日本軍の車両や航空機を精力的にモデルアップしているほか、自衛隊モノや宮崎駿監督作品などアニメやSF関連のキットも手がけている。

もちろん、「三式中戦車（チヌ）」・「四式中戦車（チト）」・「五式中戦車（チリ）」も製品化されていて、日本軍キット

のモデラーから支持を集めている。その再現度は実物に忠実であり、まさに「小さな実物」といえるだろう。

四式中戦車（チト）を右斜め前方からとらえたショット。このアングルからの鮮明で画質良好な写真は少なく、貴重な1枚（写真提供：ファインモールド）

IMPERIAL JAPANESE ARMY MEDIUM TANK
TYPE 4 "CHI-TO" PROTOTYPE Ver.
帝国陸軍
四式中戦車［チト］試作型

1/35スケール「四式中戦車（チト）試作型」（税込み5,170円）。未組み立てだが、筆者も所有している逸品

1/35スケール「四式中戦車
（チト）量産型」（税込み5,170
円）。現存する図面をもとに、
実現しなかった量産型を再現

1/35スケール「三式中戦車
（チヌ）長砲身型」（税込み
4,400円）。実現しなかった派
生型をリアルに再現

1/35スケール「五式中戦車
（チリ）」（税込み6,270円）。量
産されていれば、日本陸軍最
強戦車だったであろう

（写真・画像提供：ファインモールド）

●ファインモールド公式Web　https://www.finemolds.co.jp/

ガールズ&パンツァー
GIRLS und PANZER das FINALE
最終章

大人気アニメ『ガールズ&パンツァー』にも参戦！

アリクイさんチーム
三式中戦車(チヌ)の勇姿

左斜め前方から見た、アリクイさんチームの「三式中戦車（チヌ）」。砲塔部には、チーム名を表すアリクイのマークが描かれている

ファンやマニア諸氏には、もはや説明不要とは思うが、たまたま書店やWeb上で本書を目にし、初めて本作に触れる方もいるかもしれない。そこで、『ガールズ＆パンツァー（以下、ガルパン）』について簡単に紹介しよう。

ガルパンは、女子高生が「戦車道」と呼ばれる武道の試合を通じ、友情や団結力を育みながら成長していく姿を描いた大人気アニメだ。

【アニメーションスタッフ】
●監督　水島努
●シリーズ構成および脚本　吉田玲子
●キャラクター原案　島田フミカネ
●キャラクターデザイン・総作画監督　杉本功
●音楽　浜口史郎
●アニメーション制作　アクタス

アリクイさんチームの「三式中戦車（チヌ）」を後方から見た様子。現代人には、履帯幅の狭さが奇異に感じられるだろう

アリクイさんチームの「三式中戦車（チヌ）」、左側面。車体の両側面には、大洗女子学園のマークがある

同じく、右側面。砲塔の両側面にある視察用ハッチは、左右で大きさが違う

戦車道は戦車に乗って行う競技である。淑女の嗜みとされる茶道や華道に並ぶ存在とされ、主人公の「西住みほ（cv.渕上舞）」は西住流戦車道の家元に生まれた。彼女が茨城県大洗町の「大洗女子学園」に転校してきたところから、物語が始まる。

本来なら本作の「あらすじ」を簡潔に紹介したいところだが、初めて本作を知った読者にはネタバレになるので、ここでは省略する。Blu-ray Disc や DVD などを鑑賞し、ぜひご自身の目でストーリーを楽しんでいただきたい。

ところで、本作では戦車道だけでなく、大洗女子学園およびその対戦校、舞台となる学園艦も架空の存在だが、劇中には大洗町に実在する商店などが登場する。

本作は、アニメ以外にもゲーム・漫画・小説などのコ

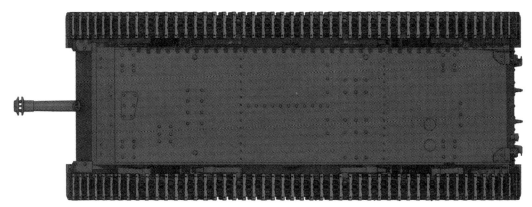

「三式中戦車（チヌ）」の底面。戦車の脆弱な部分の1つである

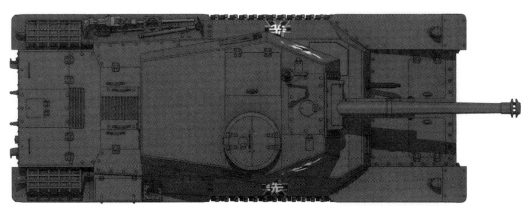

「三式中戦車（チヌ）」の上面。上面の装甲も薄いので、航空攻撃に弱い

ンテンツでも展開されているが（いわゆる、メディア・ミックス）、人気の中心はやはりアニメだろう。

2012年のTVシリーズ放送開始以来、2022年10月で10周年を迎えた。これまでに劇場版、OVA『これが本当のアンツィオ戦です！』が制作されている。シリーズ最新作『ガールズ＆パンツァー 最終章』（全6話予定）は、2017年から順次劇場上映されている。第4話は2023年上映予定

となっている。

本稿執筆中の2022年12月現在では第3話までが、Blu-ray Disc、DVDで発売されている。まだご覧になっていないという方は、鑑賞してみてはいかがだろうか。

● 『ガールズ＆パンツァー』公式サイト
https://girls-und-panzer.jp/

三式中戦車（チヌ）の正面。陸軍の制式色である「国防色（カーキ色＝黄土色）」に塗装されている。この色は黄土色に近く、各種文献を参考にリアルに再現したそうだ

チヌ操縦手用の跳ね上げ式バイザーにある細長いスリットは「貼視孔」。戦闘時は、ここから外部を見て操縦するので、視界が悪くて苦労したそうだ

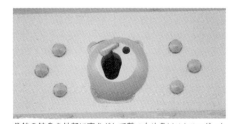

拳銃の銃身を外部に突きだして撃つためのピストル・ポートではなく、チヌに装備された「九七式車載機関銃」の銃身孔

チヌの左側誘導輪と車体後部のアップ。消音機（マフラー）は欠損している

チヌ車体の前面下部。中央には、欠損している牽引フックの
名残りがある

履帯に装着した黄色い「輪止め（わどめ）」に
注意。ちなみに、物流業界などの民間では、
「歯止め」と呼ぶ

三式中戦車（チヌ）ディテール

（写真：あかぎ　ひろゆき）

後方から見た、チヌ左側面の砲塔および車体

チヌ砲塔のアップ。防盾まわりの
様子がわかる

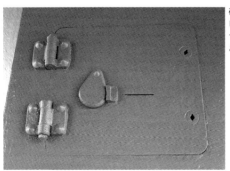

砲塔左側面の展望用ハッチ。
ヒンジの右側に銃眼の蓋が
つき、その右側に貼視孔が
ある

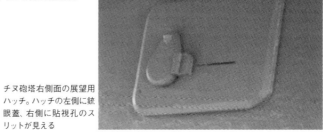

チヌ砲塔右側面の展望用
ハッチ。ハッチの左側に銃
眼蓋、右側に貼視孔のスリ
ットが見える

チヌの砲身下部にある
駐退複座機

無線機のアンテナ取りつけ基部と、ジャッキ台

チヌ車体右後部の車載工具
収納箱（左）と、車載無線機
の空中線（アンテナ）取りつ
け基部（右）

チヌの右側起動輪および第1・第2転輪のアップ

チヌの左側起動輪および第1・第2・第3転輪のアップ

右方向から見た、チヌの足回り

チヌの上部転輪と、平衡式連動懸架装置の「弦巻ばね」

チヌの平衡式連動懸架装置と上部転輪および下部転輪の位置関係を示すショット

俗に、シーソー式と呼ばれるチヌの「平衡式連動懸架装置」のアップ

チヌ上部転輪のアップ

履帯の結合状況

チヌ転輪のアップ。ボルト・ナットの脱落防止用の安全線（セーフティ・ワイヤー）に注目

チヌ左側第1転輪のアップ

チヌ車内

上から見たチヌの戦闘室内。劣化が進行しているのがわかる

チヌの戦車砲、「三式七糎半戦車砲II型」の砲尾

（写真・陸上自衛隊）

チヌの戦闘室内部、右斜め前方

チヌの戦闘室内部、右側面

チヌの戦闘室内部、左斜め前方

チヌの戦闘室内部、左側面

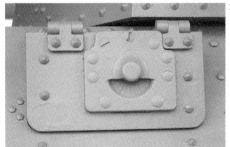

車体前方の操縦手用貼視孔

車体前方にマウント
された車載機関銃

八九式中戦車の正面

「九〇式五糎七戦車砲」のアップ

右斜め前方から見た、戦車砲と車載機関銃の位置関係

砲塔左側面の視察用ハッチ

砲塔後部の車載機関銃と、側面のハッチに注意

八九式中戦車ディテール

（写真：あかぎ ひろゆき）

視察用扉のアップ。中央の細長いスリットが
貼視孔

砲塔右側面の「対空銃架取付基部」。
奥に車長用展望塔が見える

車体後部機関室上面中央に設けられたエンジン点検孔扉の両側に、ルーバーが
配置されている

細かな網目状の「消音器覆い（カバー）」

車体後部に装備された超壕用の「尾体（びたい）」。「尾橇」とも呼び、橇の役目を
もつ

左斜め後方から見た「尾橇」。仏のルノーFT17軽戦車にも装備されていたが、実
用性は高くない

車体左後部の消音器（マフラー）

側面から見た転輪の状況

履帯および上部支持輪のアップ

右斜め前方から見た、誘導輪と履帯の嵌合（かんごう）状況。
転輪を覆う懸架框（けんかきょう）の膨らみは、リーフ式サスペンションを防護する装甲でもある

左側面の履帯および誘導輪

左斜め後方から見た、誘導輪のアップ。起動輪のように歯がついているのは履帯にセンターガイドがないため。履帯外れの防止用

四式中戦車（チト）→P115へ

三式中戦車（チヌ）→P83へ

五式中戦車（チリ）→P131へ

（写真：産経新聞社）

日本陸軍戦車理解・其ノ壱

なぜ「四式中戦車（チト）」は幻の戦車と呼ばれるのか？

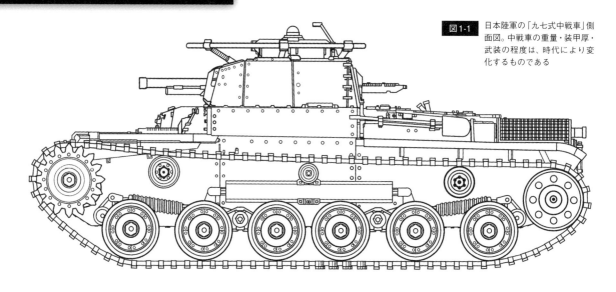

図1-1 日本陸軍の「九七式中戦車」側面図。中戦車の重量・装甲厚・武装の程度は、時代により変化するものである

日本陸軍戦車理解・其ノ壱

なぜ「四式中戦車(チト)」は幻の戦車と呼ばれるのか?

日本陸軍の「四式中戦車(チト)」は、
幻の戦車と呼ばれていて人気も高い。わずか2輌の試作車を製造しただけの、
実戦で活躍しなかった戦車がなぜ人気なのか。
本章では、人気の理由と幻の戦車たる所以に迫る。

(一)「中戦車」とはなにか?

そもそも、「中戦車」とはなんだろう? 本書の読者には、戦車に関してある程度の知識をおもちの方もいれば、戦車の名称はいくつか知っているが、くわしくは知らないという方もいるだろう。そこで、まず中戦車とはなにかについて述べてみたい。

中戦車というものが存在するのなら、大戦車とか小戦車もあるのではと思った貴方、実に惜しい! 第二次世界大戦当時の戦車は車体の大・中・小ではなく、重量が大きい順に「重戦車>中戦車>軽戦車>豆戦車」と分類・区分されるのが一般的であったからだ(図1-1)。

ほかの分類・区分の方法には「歩兵戦車・巡航戦車・騎兵戦車・駆逐戦車」などの任務による方法もあるが、1960年代ごろまでは、戦車を重量で区分していた(写真1-1)。これに対し現代の戦車は、MBTと呼ぶ主力戦車が1車種か、新・旧が混在して2~3車種が存在するだけだ。

もっとも、軽戦車・中戦車・重戦車などの定義は、時代により変化するものだ。後述するが、黎明期の日本陸軍では重量が10トン以上で「重戦車」と呼んでいた。その後、戦車の技術的発達にともない車体が大型化すると、必然的に重量も増加した。

写真1-1　1943年、北アフリカ戦線における英軍の「クルセイダーMkⅢ巡航戦車」。戦車を「歩兵戦車・巡航戦車・騎兵戦車・駆逐戦車」など、任務の違いで分類・区分する方法もある

写真1-2　アルゼンチンが1970年代に開発した「TAM中戦車」

　たとえば、第二次世界大戦後半に出現したドイツ軍の「ティーガーⅡ重戦車」に至っては、70トン近くの重量がある。このように、戦車を重量により区分するとき、なにが軽・中・重であるかは国により違う。戦車に対する設計思想は国により異なるから、戦車を重量区分により定義するとき、各国の考え方もまた違ってくるのだ。

　また、米・露・中などの大国には軽戦車サイズと重量の「空挺戦車」や「水陸両用戦車」も存在するが、軽戦車に分類されるものは少ない。この点、現代の新興国や中小の発展途上国は別で、アルゼンチン軍の「TAM中戦車」がそうであるように、初めての国産戦車は軽戦車かせいぜい中戦車である（写真1-2）。

写真1-4　陸軍省の正門。大本営陸軍部の表札は、昭和12年11月に掲示されたもの

写真1-3　『間接アプローチ戦略（戦略論）』などの著者として知られる英国の軍事評論家、リデル＝ハート卿。ひとくちに「戦略」といっても、さまざまな分野における戦略が存在するが、軍事戦略もその1つである

写真1-5　昭和天皇が臨席する「御前会議」の様子。昭和18年年4月29日付の朝日新聞に掲載されたもの

（二）日本陸軍の戦車戦略

　厳密にいうと、「戦車戦略」という軍事用語は存在しないのだが、本項では「日本陸軍における戦車運用のあり方」程度に思ってもらいたい。戦略の最上位には「大戦略」という概念があるが、その下位にあたるものだ。

　ただし、大戦略といっても、それはパソコンゲームのことではない。そもそも大戦略とは、ある国が政治・経済・安全保障上の各種目的を達成するために、国家レベルで定める方針である。この下に位置するのが軍隊における戦略、すなわち軍事戦略だ（写真1-3）。この軍事戦略に包括されるのが「combat（コンバット）doctrine（ドクトリン）（戦闘教義）」で、さらに下位の存在が「戦術」である。ちなみにドクトリンとは，もともとは「指導する」といった意味のラテン語「doctrina（ドクトリーナ）」が語源だ。

平たくいうと軍隊におけるドクトリンは、「軍隊が作戦行動を行う際の指針となる、基本的な原則」のことである。

　そして、このドクトリンは「基本原則」とはいっても、普遍的なものではない。科学技術および軍事技術の発達や、新しい戦術の確立など、時代とともに変化するものなのだ。では日本の場合、当時の国家戦略および軍事戦略、そして戦闘教義はどのようなものだったのだろうか。

　まず、大日本帝国憲法第11条において、天皇陛下の統帥権が規定されていた。すなわち、天皇が陸海軍の最高指揮官なのである。しかし、天皇が戦争指導するにあたっては、軍事の専門家たる陸海軍トップの助言を必要とした。

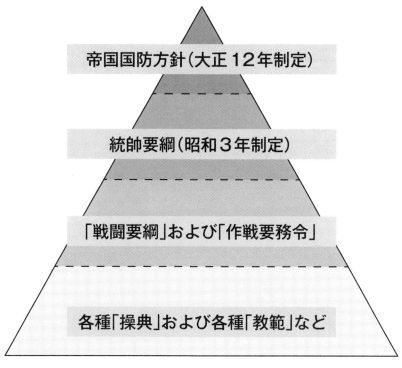

ピラミッド状をなす、大日本帝国陸軍の戦略体系

帝国国防方針（大正12年制定）

統帥要綱（昭和3年制定）

「戦闘要綱」および「作戦要務令」

各種「操典」および各種「教範」など

図1-2 日本陸軍の戦略体系は、このようなピラミッド状をなしていた。戦車部隊の各級指揮官や末端の下士官・兵など、現場に直接関係するのは、下部の2つだけである

　これは、実際には助言というよりも意見具申に近く、「輔弼（ほひつ）」と呼ぶ。大日本帝国では、国家レベルの軍事戦略において、その意思決定プロセスは次のようなものだった。

　日本の陸海軍には、現代風にいえば陸海軍統合司令部に相当する最高機関として、「大本営」が存在した（写真1-4）。この大本営会議に天皇が臨席することも、しばしばあった。また、日清戦争から対米戦争に至るまで、「御前会議」の場において、開戦や降伏受諾の決心を行っている（ちなみに、大本営は常設機関ではない）。

　こうした国家レベルの重要な決定事項は、大本営会議などの場で、陸軍参謀総長および海軍軍令部長が天皇に輔弼し、のちに閣議で正式決定することで行われた（写真1-5）。たとえば大雑把に表現すると、以下のようになる。

　陸軍参謀総長が「陛下、○○については、△△のように

考えております」といえば、天皇は「あ、そう。朕も同感である。では、そのようにし給え」という感じだ。

　もっとも、当時の昭和天皇は、こうした会議の席上ではひと言も発することなく退席されることもあったという。当時の皇室における風潮であろうか、天皇の発言に重みがあることから、自身の発言に慎重を期したのだろう。

　さて、国家レベルでの軍事戦略としては、大正12年（1922年）制定の「帝国国防方針」がある。これを頂点として、その下位に昭和3年（1928年）制定の「統帥要綱」があり、さらにその下に位置するのが「戦闘要綱」および「作戦要務令」だ。

　そして、この下位に兵科ごとの「○○操典（たとえば、戦車操典）」や、各種の教範などがあり、これらを「典範類」と呼ぶ。このピラミッド状をなすドクトリンの下部2つを根拠として、日本陸軍の戦車部隊は戦ったのである（図1-2）。

写真1-6 「九四式軽装甲車」は、その名称こそ軽装甲車であったが、実質的には軽戦車である

写真1-7 戦後の陸上自衛隊が運用する「10式戦車」。外国の戦車と異なり、部隊では特に愛称はつけず、たんに「ヒトマル」と呼ぶ（写真：陸上自衛隊）

（三）中戦車チヌ・チト・チリに求められたもの

　国産武器の開発は、用兵者側の武器に求める仕様（要求仕様という）を定めることから始まる。それは、輸入品やライセンス国産品でも同様だ。では、日本陸軍の中戦車であるチヌ・チト・チリに求められたものとは、いったいなんだったのであろうか？

　結論からいえば、それは当時の敵国たる連合国軍の主力戦車、つまり米英軍の戦車を撃破できることだ。本来、戦車の任務は歩兵支援にあり、対戦車戦闘は副次的なものだ。ところが、三中戦車チヌ以降の戦車は「対戦車戦闘」を主眼としていた点で、従来の日本陸軍が装備する戦車とは戦術を異にしている。

写真1-8　当時の日本が保有していた戦車と比較し、T-34/85戦車など欧米ソの戦車は、別次元の性能をもつ戦車だった。ちなみにT-34/85戦車は、中国航空博物館にも展示されている（写真：あかぎ　ひろゆき）

それは、昭和19年8月に当時の陸軍機甲本部が制定した極秘資料「對戦車戦闘ノ参考」を見ても明らかだ。細部は、第3章以下に記す各戦車の想定した「ライバル戦車・運用および戦術」の項で述べるが、画期的な変化だといってよいだろう。

なにしろ、それ以前の戦車は大陸で中国との戦闘を想定し、歩兵支援を目的として開発されたものだった。このため、強力な戦車を装備していない支那兵を相手にするには十分だとして、実質的に豆戦車・軽戦車にすぎない「九四式軽装甲車」が戦場で活躍していたほどだ（写真1-6）。

ちなみに、日本陸海軍における武器・兵器の形式名称に「〇〇式」という呼称が用いられるが、これは皇紀〇〇〇〇年の下1桁または2桁で表す。たとえば、海軍の「零式艦上戦闘機」場合、皇紀二六〇〇年に制定されたので、その下1桁を取って「零式」、俗に「ゼロ戦」と呼ぶ。その一方で大正十四年制定の「十四年式拳銃」のように元号年で呼ぶこともある。

ただし、武器・兵器の呼称は、かならずしも制定年と同じになることはない。軍事的行政の都合により、実際の制定年と名称が一致しない場合もあるのだ。それは、戦後の陸上自衛隊でも同様だが、こちらは皇紀ではなく西暦の下2桁だ。したがって、「10式戦車」の場合は「じゅっしき」ではなく「ひとまるしきせんしゃ」と記述・呼称する

（写真1-7）。

また外国軍では、戦車などの武器・兵器に「人名」や「強そうな動物」などの愛称をつけることがある。しかし、どうやら日本にはなじまないらしい。過去に昭和時代の防衛庁が、自衛隊の防衛装備品（すなわち、武器・兵器）につける愛称を公募したが普及しなかった。平成の世になってからも防衛装備品の愛称を公募したが、やはり浸透せずに終わっている。

さて、米軍などの連合国軍ばかりか邦友ドイツと比較しても、日本における戦車の改良・開発速度は遅かった。このため、せっかく出現当時は世界的にそこそこの性能だった「九七式中戦車」も、改良が追いつかず陳腐化してしまう。

しかも、諸外国軍の戦車は、強力なドイツ軍のパンター中戦車やソ連軍のT-34戦車が出現するなど、戦車砲の口径も砲塔および車体の装甲厚も増大している。そして、従来の日本陸軍が装備する戦車と比較し、性能面のすべてにおいて「別次元」になっていく（写真1-8）。

そこで日本陸軍は、対戦車戦闘が主で歩兵支援を従とした戦車運用を前提に、新型中戦車の開発を迫られた。こうして「四式中戦車（チト）」、そして「五式中戦車（チリ）」が試作されるに至ったのだ。

写真1-9　第二次世界大戦末期、ソ連軍に接収されたドイツ軍の「Ⅷ号戦車マウス」

（四）なぜ、チトは「幻の戦車」といわれるようになったのか？

四式中戦車（チト）については、第4章の日本陸軍戦車理解・其ノ四　四式中戦車（チト）で詳述するが、マニア諸氏からは「幻の戦車」と呼ばれていて人気も高い。たった2輌の試作車が製造されたのみで終戦を迎えていることと、国内外に現存しているのが写真や図面だけという事実からも、本車がいかに希少性の高い戦車かわかるだろう。

実物が存在しないのに「希少」というのも変だが、武器・兵器の試作品というものは、かならずしも保存されるとはかぎらない。実用試験の結果、不採用で量産されなければ用ずみとなり、多くはスクラップとなる運命である。敗戦国であれば、なおさらであろう。だから、写真や図面が現存するだけでも、希少価値があるといえるのだ。

希少性という点においては、「五式中戦車（チリ）」は試作車1輌を製造したのみであり、その点ではチトよりも希少である。しかも、チリは米軍に接収されたあと、その消息が不明となっている。一説によれば、米国のアバディーン陸軍性能試験場へ送られて、その後スクラップにされたという。

これに対し、同じ敗戦国のドイツでは、試作車2輌に終わった超重戦車マウスの破壊をまぬがれた1輌が、ソ連軍に接収されている。しかし、幸運にも戦利品として保管され、現在もクビンカ軍事博物館で余生を送っているのだ（写真1-9）。だから、五式中戦車（チリ）は、チトよりもはるかに希少価値がある。

チトやチリのほかにも、日本陸軍の戦車を含む戦闘車輌・軍用車輌には、試作で終わって実物が現存しないものがある。これらも図面や写真のみしか残っていない。そうした意味では希少であり、「幻の」という形容詞を冠して呼ぶにふさわしいだろう。

だが、次項で後述するように、四式中戦車（チト）の試作車2輌のうち1輌は、日本国内に現存している可能性が大きい。終戦時、日本陸軍は米軍に接収されるよりもみず

写真1-10　チトが沈められたとされる静岡県の浜名湖の支湖、猪鼻湖（写真提供：フードランド「幻の戦車」調査プロジェクト）

写真1-11　英軍第9キングス連隊所属のユニバーサル・キャリア。1941年、サセックスにて撮影された1枚。チトとともに水没処分されたのは、マレー半島攻略作戦時に英軍から鹵獲した車輌のようだ

からの手で、と思ったのであろう。チトは湖に自走して、水没処分されているのだ（写真1-10）。

　このとき、チトとともに水没処分された英国製の「ユニバーサル・キャリア（ブレンガン・キャリアと俗称される）」は、水深の浅い場所に沈んでいたので、戦後間もないころに発見されて、スクラップになっている（写真1-11）。

　したがって、この事実からすれば、チトを操縦して水没させた陸軍技術中尉の証言とあわせ、チトが湖底に現存する可能性は高い。だから、実際に現物が発見されて、湖底から引き揚げられるまでは、チトは「幻の戦車」であり続けるのだ。

写真1-12　中日新聞東海版1999年1月3日付朝刊1面トップに掲載された、「引き揚げる会」の発足を伝える当時の記事（中日新聞社の許諾を得て記事・写真を転載）

（五）湖底に眠るチトを探索・回収・復元せよ！

前項でも述べたように、四式中戦車（チト）は試作車2輌の製造に終わった。そのうち1輌は米軍に接収されて、米国のアバディーン陸軍性能試験場へと送られたという。その後の消息は不明だが、調査後に不要となり、スクラップ処分されたといわれている。

米国は戦場で鹵獲したり、戦後に接収した陸海空の各種武器・兵器などを、戦利品として軍事博物館に展示することも多い。もし、スクラップにされたのが事実ならば、チトは戦利品として保存するに値しない、と判断されたのだろうか。

では、残る1輌の行方はというと、静岡県の浜名湖に沈んでいるという。正確には、浜名湖の北部に位置する枝湾部分、猪鼻湖に沈められたそうなのだ。

中日新聞東海版平成11年（1999年）1月3日付朝刊1面トップに掲載された記事によれば、日本陸軍の技術将校だった大平安夫氏は、進駐してくる米軍の接収を防ぐため、独立戦車第八旅団長の當山弘道中将にチトの処分を命じられたという。

そこで、チトのほか「九七式中戦車」および英国から鹵獲した「ユニバーサル・キャリア」各1輌の合計3輌を猪鼻湖で水没処分したのである。このうち、ユニバーサル・キャリアは、水深の浅い場所に沈んでいたため、戦後まもなくサルベージされたあとにスクラップとなった。

これらの事実は、水没処分を実施した大平氏本人による証言だけでなく、猪鼻湖周辺の住民も目撃していることから、信憑性は高いといえそうだ。

IMPERIAL JAPANESE ARMY MEDIUM TANK
TYPE 4 "CHI-TO" PROTOTYPE Ver.
四式中戦車[チト]試作型
FineMolds ファインモールド

写真1-13 未組み立てだが筆者も所有する、ファインモールド社製1/35スケール「四式中戦車(チト)」のプラモデル。同社の製品は社名が表すとおり、細やかで精巧なモールド(パーツ表面の筋状をした凹凸)に定評がある(写真提供:ファインモールド)

写真1-14 「くろがね四起」と俗称された「九五式小型自動車」。四起とは四輪起動の略で、当時は四輪駆動と呼ばなかった

中日新聞の記事がでた当時、戦車模型の店主らが中心となり「四式中戦車を引き揚げる会」を立ち上げたという(写真1-12)。会長は、戦車モデラーならご存じの、プラモデル・メーカー「ファインモールド(写真1-13)」の鈴木邦宏社長だ。しかし、資金不足でサルベージには至らず頓挫、活動休止となってしまう。

その後、平成24年(2012年)になって、地元の有志で構成される「ステキみっかび発信プロジェクト:SM@Pe(スマッペ)」が「幻の戦車・調査プロジェクト」を開始する。これを知ったNPO法人「防衛技術博物館を創る会」代表の小林雅彦氏も同プロジェクトに参加、本格的な調査を実施することとなった。

小林雅彦氏は、静岡県御殿場市の自動車整備会社「カマド」の社長であり、日本陸軍の四輪駆動型軍用車輌「くろがね四起(九五式小型乗用車、写真1-14)」などをレストアしたことでも知られている。

小林氏は「九五式軽戦車(写真1-15)」の里帰りプロジェクトも実施し、輸送費の超過分がクラウドファンディングで集めることができた。2023年には九五式軽戦車の姿を日本で見ることができるはずだ。

一方、チトのサルベージだが、いまだ発見には至っていない。過去に、ダイバーによる潜水とソナーにより、水没推定地点を調査しており、金属製の大きな物体が複数存

探照燈
砲塔蓋
砲塔
砲眼
銃眼
前部出入口扉
牽環
車体
履帯
起動輪
下部転輪
ばね覆
揺臂
上部転輪
誘導輪

拳銃口
展望窓
消音器
後部出入口扉
後部牽環

写真1-15 「九五式軽戦車」の改修型試作車。本車は、英国から輸入した「ヴィッカース6トン戦車」を参考に開発されたが、量産型とは多くの点で細部が異なっている

在するのは確かなようだ。ひとつはその大きさから「九七式中戦車」と推定され、それよりも大きいものがチトであろう。

鈴木・小林両氏の調査によれば、ソナーで捉えた大きなほうのエコー（影）は、水深10m以上の深さにあるという。どうやら約7mにわたる土砂がヘドロ状に堆積し、その内部にチトが埋もれているらしい。

このため、チトの引き揚げは大がかりなものとなり、少なくとも億単位の費用がかかるという。さらに、引き揚げたあとの復元も大変だ。劣化の状態によっては、レストアに莫大な費用を必要とする。

テレビのバラエティ番組で、池の水を全部抜いて生物を保護・駆除しつつ、ゴミ清掃を行う企画があるが、さすがに浜名湖（猪鼻湖）の水を全部抜くのは不可能だ。それどころかヘドロを全部除去することもできないだろう。

また、浜名湖では海苔や牡蠣の養殖も行われている。このため、引き揚げに成功しても、それが原因で水質汚染を引き起こすと主張する人もいる。となると、地元漁協も困るだろう。そこで、チトを発見しても撮影などを行うにとどめ、引き揚げはしないことも検討中だという。

だが、こうしたプロジェクトに関わる人々の熱意があれば、いつの日かチトは我々の前に姿を見せるときがくるのではなかろうか。そう筆者は信じたい。

日本陸軍戦車理解・其ノ弐

日本陸軍戦車発達史
～その登場から終戦まで～

写真2-1 第一次世界大戦後半の1917年、戦場における英国の「Mk.Ⅳ戦車」

日本陸軍戦車発達史
～その登場から終戦まで～

大正7年（1918年）、日本の戦車史はわずか1輌ではあったが、
当時の新兵器「タンク」を輸入したことから新たな歴史が始まった。
その後、日本の戦車はいかにして発展し、
興隆をきわめて終戦へと至ったのであろうか。

（一）日本初の戦車、英国製菱型戦車
「Mk.Ⅳ（マーク4）雌型（四號重戦車）」

日本陸軍の戦車史は、今をさかのぼること100年以上前の大正7年（1918年）に始まる。同年10月24日、第一次世界大戦の帰趨に大きな影響を与えた新兵器、戦車（タンク）が日本にやってきた。横浜港に陸揚げされた「タンク」は、英国製で菱型をした世界初の戦車Mk.Ⅰを改良した「Mk.Ⅳ（マーク4）雌型」であり、当時の最新型であ

る「Mk.Ⅴ（マーク5）」ではない（写真2-1）。しかも、たった1輌にすぎなかったのだが、それでも当時の日本にとっては実に画期的な出来事であった。

この英国製「Mk.Ⅳ戦車」こそ我が日本の戦車第1号であり、現代の陸上自衛隊に至るまでの戦車史にとって、出

写真2-2　米軍初の国産戦車「M-1戦闘車」。所掌する兵科が異なるため、「タンク」ではなく、「コンバット・カー」と呼んだ

写真2-3　明治39年に制定された「三九式輜重車」は、現代のリヤカーに相当する荷車である。通常は馬1頭による輓曳で、弾薬・糧食・燃料その他の資機材を運搬する、輜重兵科のシンボル的装備だった（写真：陸上自衛隊）

発点となる存在だ。日本に戦車が到着してしばらくののち、その存在は一般には秘密であったようだが、日本も戦車を保有したことを内外に示すため、その後は広報宣伝にも努めたようだ。

　当時の新聞・雑誌などでは、「陸軍の新兵器タンク、英国よりきたる！」との見出しで報じたという。これを現代風にいえば、英国の世界的に有名なバンド、ビートルズの曲である「A Hard Day's Night」の邦題ではないが、「日本にタンクがやってくる、ヤア！　ヤア！　ヤア！」といったところだろうか。

　さて、このMk.IV戦車であるが、当初は機甲科という戦車運用の専門兵科が存在しなかった。これは日本のみならず、米国も同様である。戦車という新兵器の出現に応じて、いきなり機甲科という兵科を新設したのではない。米

写真2-4 昭和13年、検閲のため東京都内を行軍する習志野の騎兵部隊。当時、騎兵はすでに廃れていたが、かつての日本陸軍においては花形の兵科だった

国は、当初は戦車を歩兵科の所掌であるとしていた。ところが、騎兵科が戦車を開発した。すると「それはタンクではない」ということになり、騎兵科主導により開発した米国初の国産戦車を「M-1戦闘車（コンバット・カー）」と呼んだ（写真2-2）。

　一方の日本では自動車ですら、まだまだ珍しかった当時、軍用自動車の担当は輜重兵科であった（写真2-3）。戦車も軍用車両の一種なのだからと、輜重兵の奥村恭平大尉が戦車の運用などを一任されたのである。現代の陸自であれば、前例がないほど画期的な、新規の外国装備を調達するに際して、1尉に担当させることはないだろう。

　少なくとも佐官クラス、もしかしたら旧陸軍の大佐に相当する1佐に担当させるかもしれない。それだけ、昔の日本陸海軍においては、大尉のみならず将校の階級に重みがあったといえる。故に、奥村大尉は相当に苦労したようだ。なにしろ、当時の日本陸軍は輜重兵科を「輜重輸卒が兵隊ならば、蝶々蜻蛉も鳥のうち」と揶揄していたほどだ。

だが、輜重兵科とは「兵站」をつかさどる重要な兵科であり、現代の陸上自衛隊であれば、糧食・燃料・弾薬などの補給を担当する「需品科」と、人員や物品の輸送および輸送統制を行う「輸送科」がこれに相当する。どちらも小所帯の兵科（自衛隊では、兵科ではなく「職種」と呼ぶが）ではあるが、最前線で戦う第一線の兵科と同じくらいに重要だ。日本初の戦車が輸入された当時は、騎兵が陸戦における「花形的兵科」であった（写真2-4）。

　これが現代の陸上自衛隊ならば「普通科」の空挺団や水陸機動団、中央即応連隊や特殊作戦群、戦車部隊の「機甲科」、そして筆者が現役時代に所属していたヘリコプターなどを運用する「航空科」あたりが、「花形」と呼ばれる存在だろう。

　そのようなわけで、日本初の戦車Mk.Ⅳを英国から輸入したのは、輜重兵の水谷吉蔵大尉であったが、彼もまた奥村大尉と同様に、さまざまな面で苦労したという。もちろん輸入といっても、水谷大尉が英国から戦車を個人輸入したわけではなく、日本政府を代表する戦車輸入の責任者だった、という意味だ。

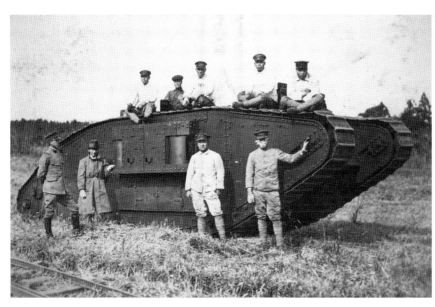

写真2-5　日本陸軍が1輌のみ輸入した、菱形戦車「Mk.Ⅰ（マーク1）」。千葉県に所在していた陸軍歩兵学校戦車隊において、教練に使用された。日本での呼称は、「四號重戦車」である

写真2-6　現代の韓国軍が装備する「K2戦車」。北朝鮮でも탱크（タンク）と呼ぶが、韓国語では日本語の「せんしゃ」由来であろうか、「전차（チョンチャ）」と呼ぶ

　水谷大尉は、現地の積出港までは戦車が自走するとして、船舶への搭載・卸下（積み荷を地上へ下ろすこと）はどのような方法で行うかなど、英国側の担当者と周到に事前調整しなくてはならなかった。

　その後、水谷大尉はこうした諸準備を現地の日本大使館づき武官に任せきりにせず、精力的に活動して英軍将兵5名とともに帰国している（写真2-5）。ちなみにこの英軍将兵とは、ブルース少佐と下士官4名であり、日本で初めて戦車操縦の展示（デモンストレーション）をして見せた。5名の英軍将兵らは、「Mk.Ⅳ戦車」の操縦教官としても活躍した。彼らは日本陸軍の輜重兵に対して訓練を行い、

のちに勲章を授与されて帰国したという。

　ちなみに、「戦車」の呼称は、当然ながら国によりさまざまである。英語で「tank（タンク）」と呼ぶが、ロシア語やヘブライ語でも「タンク」という。中国語では「坦克（タンクー）」で、韓国語なら「전차（チョンチャ）」だし、ドイツ語なら「Panzer（パンツァー）」だ（写真2-6）。

　日本でも当初こそ「タンク」と呼んでいたが、奥村大尉が「戦う車」なので「戦車」と呼ぶのはどうか、と提案した。これが制式な呼称となり、戦車と呼ばれるようになったのだ。

写真2-7 大正9年から運用が開始された、日本陸軍の「マークAホイペット重戦車」。同年のシベリア出兵で実戦参加したとされるが、公式記録には残っておらず、真偽は不明である

写真2-8 1920年代の撮影で、久留米の第一戦車隊所属と思しき「ルノーFT-17軽戦車」。福岡県春日市でのスナップで、街中で停車しているところ

（二）「Mk.Aホイペット」と「ルノーFT-17」も追加、日本初の戦車隊を新編

大正8年（1919年）、それまで唯一の戦車だった「Mk.IV雌型」に加え、同じ英国製の「マークAホイペット（以下、ホイペット）」とフランス製の「ルノーFT-17（以下、ルノーFT）」の2車種が翌年までに輸入された（写真2-7および2-8）。

ルノーFTは6.5トンの軽戦車だが、ホイペットは14トンの中戦車であり、当時の日本陸軍では「10トン以上の戦車は重戦車」として分類されていた。このため、ホイペットは豆戦車でも中戦車でもなく、重戦車と呼称されている（写真2-9）。

輸入されたホイペットは数輌（3輌という説もある）だけだったが、ルノーFTは20輌以上も輸入された（写真2-10）。この内の数輌は、陸軍輜重兵学校から陸軍騎兵学校へと管理替えされて、大正9年（1920年）から運用研究が始まることとなる。と同時に、それまで輜重兵学校が所掌していた戦車は、歩兵学校と騎兵学校に管理替えされた。

そして、大正14年（1925年）になって、日本初の戦車部隊が新編された。これが「第一戦車隊」および「歩兵学校戦車隊（歩兵学校教導戦車隊）」である。前者は、九州の久留米に所在していたが、後者は千葉の歩兵学校内に新編されたものだ。

写真2-9　戦後、米軍が撮影した「マークAホイペット重戦車」。武装解除された日本軍から接収した車輌

写真2-10　戦後、米軍が撮影した「ルノーFT17軽戦車」。武装解除された日本軍から接収した車輌

　第一・戦車隊は、三年式6.5mm重機関銃を装備した重戦車（マークA ホイペット）×1輌、37mm狙撃砲を装備の軽戦車（ルノー FT）×1輌、三年式6.5mm重機関銃装備の軽戦車（ルノー FT）×3輌の合計5輌からなっていた。

　一方、歩兵学校戦車隊は重戦車（マークA ホイペット）×3輌、37mm狙撃砲を装備の軽戦車（ルノー FT）と、三年式6.5mm重機関銃装備の軽戦車（ルノー FT）が各1輌で、合計5輌の戦車を装備していた（ほかに非武装の教練用として、四号重戦車が1輌）。

　こうして我が国初の戦車部隊が新編されたわけだが、第一戦車隊を実戦部隊とすれば、歩兵学校戦車隊は教育

部隊にすぎなかった。しかも、各々1個部隊しか存在しない。このため当面の間、軽戦車を9個中隊・約190輌、重戦車3個中隊・約30輌を調達・配備することを目標に、戦車部隊の編制が定められた。

　ちなみに大ざっぱにいえば、「編制」とは国の法律や規則にもとづいて、部隊規模や人員・装備の数量を定めることをいう。これに対し「編成」は、ペーパー・プラン上の存在でしかない編制（編制表）にもとづき、実際に部隊を組織することである。軍事用語としては編制も編成も同じ読み方なので、前者を「ヘンダテ」、後者は「ヘンナリ」と呼んで区別するのだ。

写真2-11 右側面から見た、日本初の国産戦車「試製一號戦車」。車体の大きさに比し、砲塔がアンバランスなほどに小さく、現代の戦車マニアには奇異に感じるだろう。迷彩塗装に注意されたい

写真2-12 積み上げられた土嚢に乗り上げて、超壕性能を展示中の「試製九一式重戦車(試製二號戦車)」

(三) 初の国産戦車「試製一號戦車」と、初の量産戦車「八九式中戦車」

こうして、日本初の戦車隊は大正14年(1925年)に新編されたが、その装備戦車はすべて輸入したものだった。そこで、今後の戦車装備のあり方を検討した陸軍は、すべての戦車を輸入に頼ることと、国産戦車の新規開発というデメリットを天秤にかけた。

実際に当時、陸軍省は緒方勝一少将を団長とする視察団を派遣し、米国のクリスティー技師や英国のヴィッカース社などと、最新戦車の輸入交渉を行っている。しかし、交渉は不調に終わり、陸軍技術本部長の鈴木孝雄は戦車の国産開発を主張した。

前年の大正13年に、国産の装軌式車輌である「三屯牽引車」が試作されており、戦車を国産可能な工業技術の水準に達している、と自信を示した。当時、日本における民間の自動車産業は、勃興したばかりだった。欧米と比較して、技術的に出遅れていたので、設計試作および製造は、陸軍造兵廠大阪工廠が担当することになる。

それから2年後の昭和2年(1927年)、「試製一號戦車」

写真2-13　水冷式ガソリン・エンジンを搭載した「八九式中戦車（甲型）」。本車の車体および砲塔は、前期型・後期型に区分される

写真2-14　英国から輸入した、「ヴィッカースC型中戦車」。試製一號戦車で戦車の国産開発を模索していた日本は、本車を研究用の参考品とし、翌年には早くも「八九式中戦車」を国産化するに至った

の試作車が完成した（写真2-11）。試作車は富士演習場における実用試験において、たいした故障もせずに時速約20Kmで走行するなど、一定の成果を収めた。だが、量産されずに終わり、改良型である「試製九一式重戦車（別

名、試製二號戦車）」も、1輌だけの製造にとどまっている（写真2-12）。

しかし、これらの試作戦車は量産こそされなかったが、

写真2-15　右側面から見た、「ルノーNC型戦車」。大して高性能でもなく、実戦では故障などの不具合も多かった。このため、早々に教育用として格下げされている

写真2-16　ルノーNC型戦車は、教育用というのであれば、それほどひどいものではなかったようだ

実用試験の結果は「戦車の国産は可能」と判断するに十分なものだった。昭和3年（1928年）、日本陸軍はこの成功を受け、10トン級の軽戦車を国産開発することにした。

　量産を前提とした初の国産戦車であったが、その開発は順調に進む。着手からわずか1年のスピード開発で試作第1号車が完成、これを「試製八九式軽戦車」と称した（写真2-13）。昭和4年（1929年）には、試作車の実用試験が実施された。このとき、東京～青森間の660kmにおよぶ長距離走行試験を行い、見事に走破している。

　昭和2年（1927年）、日本は「ヴィッカースC型中戦車」を輸入する（写真2-14）。前述したように、これを参考として、陸軍研究本部は翌年から国産戦車の開発に着手する。さらに翌年、試作車が完成し、八九式軽戦車として仮制式になるわけだ。

　昭和5年（1930年）、戦車が不足していた日本陸軍は、フランス製の「ルノーNC型戦車（正確には、ルノーNC27型である）」を23輌輸入する。すでに保有していたルノーFTと混同しないように、ルノーNC型戦車を「ルノー乙型戦車」と呼んで区別した。しかし、ルノーFTの発展型のわりに、性能が著しく向上しているわけでもなく、故障などの不具合が多かった（写真2-15、2-16）。

　この年、仮制式だった八九式軽戦車が「八九式中戦車」となるのだが、生産遅延のために輸入したルノーNC型戦車よりも、新規開発した国産戦車のほうが性能的に優れていた。また、多少は故障などの不具合もあったが、初の国産戦車にしてはそうひどいものではないといえる。むしろ、当時の日本における工業技術を考慮すれば、上出来だったのではあるまいか。

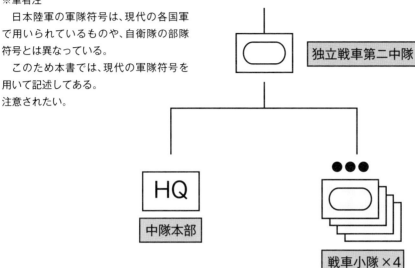

上海事変における、独立戦車第二中隊の編成（昭和12年）

※筆者注
　日本陸軍の軍隊符号は、現代の各国軍で用いられているものや、自衛隊の部隊符号とは異なっている。
　このため本書では、現代の軍隊符号を用いて記述してある。
注意されたい。

独立戦車第二中隊

HQ
中隊本部

戦車小隊×4

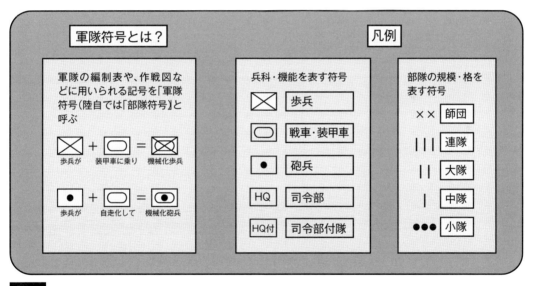

軍隊符号とは？

軍隊の編制表や、作戦図などに用いられる記号を「軍隊符号（陸自では「部隊符号」）と呼ぶ

⊠ ＋ 🔲 ＝ ⊠
歩兵が　装甲車に乗り　機械化歩兵

● ＋ 🔲 ＝ 🔲
歩兵が　自走化して　機械化砲兵

凡例

兵科・機能を表す符号

⊠	歩兵
🔲	戦車・装甲車
●	砲兵
HQ	司令部
HQ付	司令部付隊

部隊の規模・格を表す符号

××	師団
⫴	連隊
⫾	大隊
⎮	中隊
●●●	小隊

図2-1

（四）上海事変に派遣された「独立戦車第二中隊」

　昭和6年（1931年）、関東軍の謀略により満州事変が起きる。このとき、日本本土から初陣となる戦車部隊が派遣された。この部隊は、百武大尉が指揮官であり、「臨時派遣第一戦車隊」という、歩兵学校の教導戦車隊と、第一戦車隊から抽出した戦車をもって編成された部隊である。

　「臨時派遣第一戦車隊」は、「隊本部」のほかに4個「戦車小隊」と、兵站などの後方支援を行う「段列」からなっていた。八九式軽戦車11輌および九二式重装甲車を装備するほか、側車（サイドカー）つき自動二輪や自動貨車（トラック）も保有していた。

写真2-17　戦闘後、武装を取り外し展示中と思しき「ルノー乙型戦車」と記念撮影をする兵士。第1次上海事変ごろの撮影と思われる

同隊は、散発的な戦闘に終始し、さしたる戦果もなかったが、翌年に起きた「上海事変」において、戦車部隊は初めて激戦を経験することになる。昭和7年（1932年）、上海事変では「独立戦車第二中隊」が本土から派遣された。

同中隊は、中隊本部および4個戦車小隊を基幹とし、中隊本部が指揮官車として「ルノー乙型戦車」を1輌装備していた。第一戦車小隊は、軽戦車から格上げされた新鋭の「八九式中戦車」を3輌、第二戦車小隊が2輌、第三戦車小隊が「ルノー乙型戦車」を5輌、そして第四戦車小隊が4輌を装備というように、変則的な編成だった（図2-1）。

同中隊は、第2次上海事変において、陸軍第九師団の編合部隊として戦った。だが、国際共同租界の市街地や、当時の中国に特有な地形の「クリーク（水路）」に陣地を設けた中国軍に対し、同中隊の戦車は予想外に苦戦する。

同中隊が装備する戦車としては、数のうえでルノー乙型戦車が主力だった（写真2-17）。しかし、転輪軸の折損やエンジンの放熱が悪く車内が過熱するなど、故障や不具合が多かった。これに対し、八九式中戦車は予想よりも故障などが少なく、性能に見合った戦果をあげたという（写真2-18）。

写真2-18　日本陸軍の八九式中戦車。写真は、陸自の武器学校に現存するもので、ディーゼル・エンジンを装備した「乙型」（写真：かの よしのり）

写真2-19　靖國神社内の遊就館に展示されている、戦車第九聯隊所属の「九七式中戦車」

（五）数のうえで主力だった「九七式中戦車（チハ）」

　昭和11年（1936年）、歩兵支援を目的とする新型中戦車の開発がスタートした。新型中戦車の要求性能は、火力こそ八九式中戦車と同等とされたものの、機動力を重視（速度性能の向上）し、被弾径始を考慮した車体設計とすることで、見かけ上の装甲防御力も向上させようとするものだった。

　しかし、当時の日本は交通基盤が貧弱だった。装甲防御力の向上は、最大装甲厚を増加させなくても、車体が大型化すれば必然的に重量は増す。すると、未舗装が多かった当時の日本や中国などでは、戦車の走行に道路や橋が耐えられない。戦車通過後の道路は、人や馬匹が通れるようにするために、工兵がしばしば整地したものだった。

　また、渡河作戦に用いる架橋機材や、デリック（船舶輸送時の搭載用クレーン）の吊り上げ能力を考慮する必要があった。そこで、性能重視で車体重量が増加した車輌と、性能が低下してでも重量増加を抑制した車輌の2種類が試作されることとなる。13.5トンの重量を予定した「甲案（チハと称した）」と、10トンの「乙案（チニ）」だ。

　昭和13年（1937年）、チハ試作車2輌およびチニ試作車1輌が完成し、両者を比較しての試験が実施された。その結果、どちらも良好と判定されたが、採用されたのは「チハ」である。これが「九七式中戦車」として制式化されるのだ（写真2-19）。

写真2-20　「九七式中戦車」の機関室内部。終戦時、オーストラリア軍に接収されたうちの1両と思われる

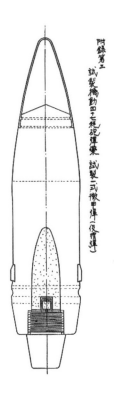

図2-2　「試製機動四十七ミリ砲用一式徹甲弾」の断面図。弾丸の先端に、飛翔中の空気抵抗を減少させる仮帽（かぼう＝太い線の部分）がつく

　九七式中戦車（チハ）が搭載する戦車砲の口径や、各部の装甲厚、そして最大速度などのスペックは、当時の戦車としては標準的なものだった。諸外国が保有する戦車と比較すれば、決して劣ったものではない。

　それどころか、世界に先駆けてディーゼル・エンジンを搭載するなど、技術的な点では評価に値する（写真2-20）。当時、諸外国で戦車のエンジンといえば、ガソリン・エンジンだった時代、日本は八九式中戦車の乙型を製造し、ディーゼル・エンジン搭載戦車の先鞭をつけた。

　第二次世界大戦後、戦車のエンジンとしてディーゼル・エンジンが普及したが、21世紀の現代では、戦車用エンジンの主流となっている。ただし、九七式中戦車（チハ）のような空冷式ではなく、水冷式（液冷式とも呼ぶ）が大半だ。

　ところで、日本陸軍の戦車がデリックによる制約で、重量の増加を嫌ったのは事実である。ただし、15トン以内

という制約に固執していたわけではない。そもそも、九七式中戦車（チハ）の重量は15トンを超えるではないか。

　日本には、外洋航海可能な大型貨物船や、近海の内航船でも吊り上げ能力が20〜30トンのデリックをもつフネはあった。そうしたフネは隻数もかぎられるが、吊り上げ能力が15トン以内のデリックを装備した貨物船なら、一定数を保有していた。だから、日本陸軍の戦車は重量が15トン以内という制約があったかのように誤解され、定説となっていたのだろう。

　しかし、貨物船や港湾の荷役機材はどうにか対応できるとしても、日本の貧弱な道路や橋梁が耐えられない。だから、九七式中戦車（チハ）だけでなく、日本陸軍の戦車開発においては、重量の増加を嫌ったのだ。

　とはいえ、九七式中戦車（チハ）以降の戦車が重くなったのは、仕方のないことである。諸外国の戦車が大型化・重量増加していくなかで、装甲防護力を強化する必要性

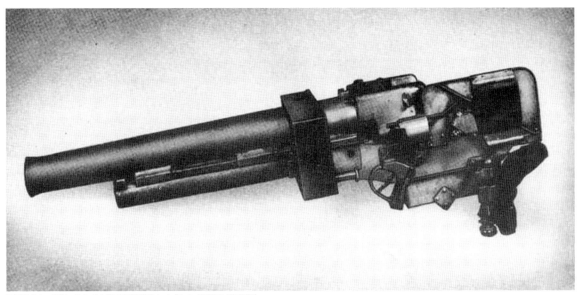

写真2-21　当初、九七式中戦車に装備された「九七式五糎七戦車砲」

写真2-22　ノモンハン事件における、「BT-7戦車」。樹木が少ない草原での偽装要領に注意

と搭載火力アップの都合で、日本の戦車も大型化せざる
をえないからだ。

　たとえば、外国の戦車であれば、60トンにも達する
ティーガー重戦車は日本では通行不能となってしまう。
当時の日本で運用し得たドイツ軍の戦車は、せいぜいパ
ンター中戦車（約44トン）くらい、といったところか。

　ところで、有名な歴史作家の故・司馬遼太郎氏は、ノ
モンハン事件（後述）における九七式中戦車の戦闘につ
いて、火力も防護力も貧弱だったと指摘している。彼の著
書では「（略）……小柄なBT戦車の鋼板にカスリ傷も与
えることができなかった。」とし、「敵の戦車に対する防御
力もないに等しかった」と評している。

写真2-23　57mm砲を撃つ、夜間射撃訓練中の「九七式中戦車」。戦車第一師団所属の車輌である

　だが、実際には司馬氏がいうほど「九七式中戦車」の火力および防護力はひどいものではない。ちなみに図2-2は、「試製一式徹甲弾」の構造を示したものである。九七式中戦車改および一式中戦車に搭載された四十七粍戦車砲の弾薬も、これと同様なものだった。

　当初、「九七式中戦車」には、口径57mmの「九七式五糎七戦車砲」が搭載されていた（写真2-21）。ところが、この戦車砲は貫徹威力に劣り、諸外国軍の新型戦車に対抗できないとして、新たに四十七粍戦車砲を搭載することとした。

　これにより、口径こそ小さくなったが、逆に初速が向上し、結果的に貫徹力がアップしている。この四十七粍戦車砲を搭載したものが「九七式中戦車改」であり、俗称で「新砲塔チハ」と呼ぶ。

　確かに、ノモンハン事件においては、司馬氏が指摘するように、九七式中戦車の火力不足は否めない。事実、交戦相手のソ連軍「BT-5」および「BT-7」の両戦車は、45mm戦車砲を搭載していて、口径こそ「九七式中戦車」より少し小さいが、射程と装甲貫徹力で凌駕していた（写真2-22）。

　しかし、装甲防御力で比較すると、「BT-5」および「BT-7」の両戦車は装甲の最厚部で20mmだったが、「九七式中戦車」の装甲最大厚は25mmと若干勝っていたのだ。

　確かに、快速戦車と呼ばれた「BT-5」および「BT-7」の両戦車に対して機動力で劣り、火力でも負けていた。だが、総合的に比較すれば「九七式中戦車」は司馬氏がいうほどひどいものではなかった、といえるだろう（写真2-23）。

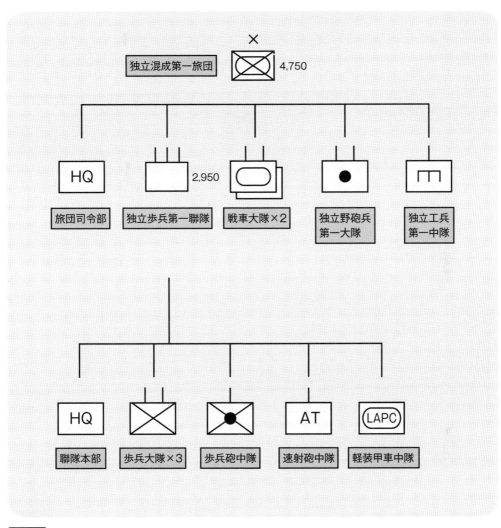

独立混成第一旅団の編成（昭和９年）

図2-3

（六）「独立混成第一旅団」の新編と、盧溝橋事件

独立混成第一旅団は、昭和9年（1934年）3月17日に新編された。同旅団の編制は、図2-3のとおりである。

（※筆者注…読者の理解を容易にするため、当時の軍隊記号ではなく、現代の米軍・NATO軍・自衛隊で用いられている軍隊記号および部隊符号を用い、一部をアレンジしてある）

旅団隷下の独立歩兵第一聯隊は3個大隊を基幹とし、297輌の各種車両を装備していた。第三戦車大隊は八九式中戦車×29輌、第四戦車大隊は45輌が定数だった。

この旅団は、日本初の機械化部隊であり、すべての歩兵は装甲車や自動貨車で移動できた。また、砲兵も同様に、全火砲を装軌式牽引車や自動貨車で曳くことで、馬匹牽引よりも迅速に行動できたのである。こうして日本陸軍は、徐々に戦車部隊を拡充させていく。

さて、昭和12年（1937年）には、「盧溝橋事件」が起きる。この事件は、支那事変（日中戦争）の発端となったもので、夜間演習中の陸軍歩兵第一聯隊が、何者かに実弾を撃ち込まれたことから生起した。同聯隊の点呼時に、一人の兵士が所在不明だったため、中国側がその兵士に実弾を射撃したものと判断、遂には日中両軍の交戦に発展している（写真2-24）。

ところで、一般には盧溝橋事件が日中戦争の発端であるとされているが、その萌芽は以前からあった。抗日運動というよりテロと呼ぶべき邦人射殺事件などが起きていたからだ。そうした意味では、真に日中戦争の発端となったのは、多数の邦人居留民が殺害された「通州虐殺事件」である。

盧溝橋事件と戦車になんの関係があるのか？　そう思う読者もいるだろう。戦後、「実弾を撃ち込まれたというが、演習で使う空包との違いを音でわかるものか」という日本の識者がいた。だが、実弾（実包）と空包は明らかに音が違う。

戦車も平時の演習では空包を用いて「戦況現示」を行うし、当然だが戦闘では実包を使う。戦車砲や野砲にしても、口径の小さな小銃や機関銃にしても、音の違いは撃たれたものがいちばんよくわかる。タマが空気を切り裂く衝撃波が先にくるからだ。それは、実戦経験がない筆者でもわかる。

昭和時代の自衛隊では、小銃の実弾射撃で監的勤務というのがあった。半地下式の監的壕に入り、木枠に貼った

標的紙を滑車とロープで上げ下げする作業である。このときに監的壕にいると、頭上をタマが通過するわけだが、「パン」という衝撃波の音にやや遅れて、「ダン」という300m離れた射座の射撃音が聞こえたものだ。

　そのようなわけで、練度の低い支那兵が空包の射撃音を日本軍の実弾による攻撃だと勘違いして驚き、反射的に撃ったという説もある。多くの識者による見解では、中国側の偶発的射撃とされるが、日本陸軍による自作自演説まで存在する。

　本事件の真相は現在に至るも不明であるが、中国共産党が中華民国軍の第二十九軍を唆した陰謀説や、共産党の対日工作による射撃説が濃厚だ。このあたりが真相ではないか、と筆者は思う。

　こうして、盧溝橋事件で交戦した日本陸軍支那駐屯軍と中華民国第二十九軍だったが、日本の戦車隊はたいした活躍もせず、停戦に至っている。中国戦線全般にいえることだが、中国が戦車をほとんど装備していなかったことと（少数のルノーFT17があった程度）、それを前提とした日本の戦車運用が歩兵支援に特化していたゆえに、活躍の機会がなかったのだろう（写真2-25）。

写真2-24　日中交戦の舞台となった盧溝橋は、中国の北京郊外にあるアーチ橋。写真は、本書の監修者でもある「かの よしのり」氏と中国取材をしたときのもの（写真：あかぎ ひろゆき）

写真2-25　盧溝橋より、宛平県城方面を望む。中央奥の遠方に、赤色をした楼閣が見える（写真：かの よしのり）

写真2-26　ハルヒン・ゴル戦役（ノモンハン事件）における、モンゴル人民軍騎兵隊

写真2-27　ノモンハンで休憩中の日本軍戦車兵たち。中央奥が九七式中戦車、手前は八九式中戦車

（七）ノモンハン事件の敗北と超重戦車（オイ）

　昭和14年（1939年）、偶発的な交戦をきっかけとして「ノモンハン事件」が生起した。この事件は、満洲国とモンゴル人民共和国の国境線を巡り、おもに日本軍とソ連軍が戦ったものである。

　日本軍および満洲国軍と、ソ連軍およびモンゴル人民軍の武力衝突は、双方の意図に反して早期収拾どころか徐々に拡大、エスカレートしてしまう。

　ノモンハン事件は国境紛争というには大規模であり、

実質的には戦争と定義していいだろう。日本では「事件」と称するが、ソ連は規模に関係なく「ハルハ河の戦闘」と呼ぶし、モンゴルは「戦争（ハルヒン・ゴル戦役）」として扱っている。

　さて、この事件は昭和14年（1939年）5月〜6月の「第1次」および同年7月〜9月の「第2次」に区分される。双方が停戦合意に至るまでに、両軍とも多大な損害を被った。結果的には「痛み分け」で勝敗つかずだという識者もいるが、日本側にしてみれば敗北だ。これについては後述する。

●表2-1

ノモンハン事件における、日本陸軍砲兵主要火砲の 装備数および損耗数		
火砲名称	装備数	損耗数（うち、自己処分）
八九式十五糎加農砲	6	5（4）
九二式十糎加農砲	16	11（1）
九六式十五糎榴弾砲	16	11（5）
三八式十二糎榴弾砲	12	－
九〇式野砲	8	2
改造三八式野砲	24	34 ※（10）
合計	82	63（20）

※は三八式十二糎榴弾砲との合計

●表2-2

ノモンハン事件における、ソ連砲兵主要火砲の 装備数および損耗数		
火砲名称	装備数	損耗数
M1910/30 107mm加農砲	36	4
ML-20 152mm榴弾砲	36	6
ML-30 122mm榴弾砲	84	26
F-22 76mm野砲	52	11
M1927 76mm歩兵砲	162	14
合計	370	61

写真2-28　1939年のノモンハン事件にて、飛行第六十四戦隊の九七式戦闘機乙型

写真2-29　1937年、離陸滑走中の「ポリカルポフI-16B戦闘機」

　日本側の戦力は日本陸軍が主力であり、満洲国軍は「オマケ」にすぎなかったのだが、それは騎兵が主力のモンゴル人民軍を従えた、ソ連側も同様である（写真2-26）。日本側の機甲戦力としては、八九式中戦車を主力に、当時の新鋭戦車だった九七式中戦車が実戦参加している（写真2-27）。

　だが、ソビエト赤軍（以下、ソ連軍）は質・量ともに優勢だった。特に、火砲は圧倒的だったといってよい（表2-1、表2-2）。このため、日本側は戦闘でしばしばソ連軍に圧倒されている。というよりも、陸戦で終始苦戦したと表現するほうが、より事実に近いだろう。

写真2-31　火炎瓶を投擲するウクライナ民兵。ノモンハン事件当時は有効だった火炎瓶投擲も、現代の戦車には効果が薄いだろう（写真：ウクライナ国防省）

写真2-30　ソ連軍のジューコフ元帥。ノモンハン事件では、更迭された第57軍団長のフェクレンコに代わって部隊を指揮した

　航空戦においても、日本は事件の終盤で苦戦している。日本の九七式戦闘機は旋回性能が高く、操縦士および整備員の高い練度も相まって、高可動率を維持できた（写真2-28）。このため、日本はソ連のI-15およびI-16戦闘機を圧倒し、多数を撃墜している（写真2-29）。しかし、航空戦で楽勝だったのは序盤だけであり、事件の中盤では拮抗し、終盤には航空戦でも苦戦するに至った。

　では、陸戦の様相はどうだったのか。我がほうの装備する九七式中戦車および八九式中戦車は、ソ連軍のBT-5戦車およびBT-7戦車に対し、カタログ上の性能では、ひどく劣ったものでもないだろう。しかし、日本側の装備する対戦車砲や榴弾砲などの野砲は、ソ連軍に対し劣っていたのは否めない。

　また、ソ連軍の戦術は「縦深戦略理論」に基づくもので、「速度戦」を重視していた。しかも、敵の数倍におよぶ圧倒的な兵力で全縦深にわたり攻撃するなど、のちにドイツ軍が確立する「電撃戦」の嚆矢ともいえるものだった。これに加え、第1軍集団長「ゲオルギー・ジューコフ元帥」の卓越した指揮も相まって、日本軍を苦戦させたといえよう（写真2-30）。

　日本の戦車部隊がソ連軍の防御陣地を攻撃した際、ピアノ線を用いた対戦車障害を突破できず、走行不能となったところを各個撃破されている。これは、起動輪の駆動力は履帯に伝わっているのだが、ピアノ線が絡んでブレーキがかかったも同然となるためだ。

　戦車のように履帯をもつ装軌車は、タイヤ式の装輪車よりも不整地走破能力は高い。だが、そのような装軌車でも、泥濘地では履帯が正常に駆動しない。それと同様に、履帯にピアノ線が絡めば、走行不能となってしまうのである。

　このため、ノモンハン事件の対戦車戦闘において、我が日本の歩兵は、やむなく単独で戦車に肉薄攻撃を敢行している。しかし、それでもソ連軍のBT-7戦車などに対し、火炎瓶を投擲して炎上させるなど、無視できない戦果を上げている（写真2-31）。図は、当時の戦術マニュアル（教範）の「對戦車戦闘　作業ノ参考」に記載されているもので、「ソ連軍BT-7戦車等ニ對スル肉薄攻撃部位」だ（図2-4）。

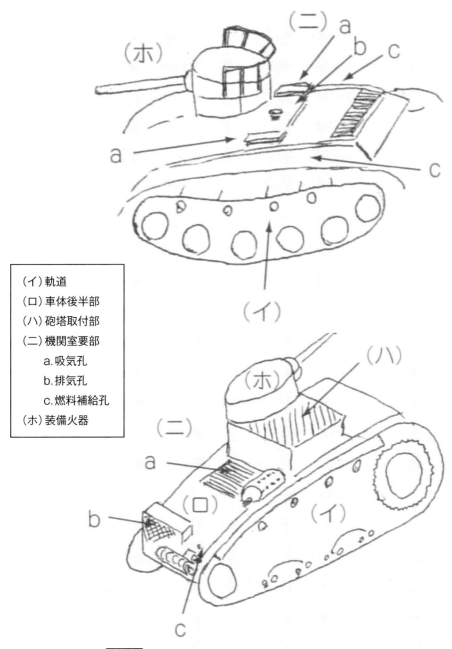

(イ) 軌道
(ロ) 車体後半部
(ハ) 砲塔取付部
(二) 機関室要部
 a. 吸気孔
 b. 排気孔
 c. 燃料補給孔
(ホ) 装備火器

図2-4 ノモンハン事件における、ソ連軍BT-7戦車などに対する肉薄攻撃部位

　敵戦車の外観上に存在する各弱点を狙い、その部分を攻撃して撃破を追求するのだが、敵戦車に到達する前に車載機銃で撃たれ、戦死する歩兵も多かった。それは、現代のロシアによるウクライナ侵攻でも同様である。

　ウクライナ軍に供与された、米国製の携帯対戦車ミサイル「ジャベリン」がロシア軍の戦車を多数撃破して有名となったのは、読者諸氏もご存じであろう。だが、所詮

ジャベリンは、防御戦闘や伏撃で有効な軽火器にすぎない。攻撃前進時に使用するときは、射点に到達する前に発見されて、先に撃たれて戦死することも多いだろう（写真2-32）。

　余談だが、本校執筆中も停戦の兆しがないロシア軍のウクライナ侵攻において、雪解け時期の泥濘により、ロシア軍の戦車も多数が行動不能となった。それは装甲車や

写真2-32　米国がウクライナに供与したジャベリン対戦車ミサイルの実射訓練風景。ノモンハン事件で肉迫攻撃を敢行した日本陸軍の歩兵と同様に、射程に達する前に射手が撃たれて戦死することも多い（写真：米陸軍）

写真2-33　独立工兵第五聯隊所属の「装甲作業機」。現代でいう戦闘工兵車に相当する。超壕装置を展開して架橋中のシーンで、各種の作業用機材を着脱することにより、トーチカの爆破や鉄条網の除去も可能だった

トラックなどの装輪車も同様で、戦車よりも不整地走破能力が劣るのにも関わらず、タイヤ・チェーンをまったく装着していない。これは、自衛隊など西側諸国の軍隊では考えられないことだ。

また、装輪車のタイヤも中国製の安もので、すぐにパンクや破裂（バースト）が生じるという。この調子なら、案外ロシア軍の戦車に対しては、ピアノ線式対戦車障害も有効ではなかろうか。

ノモンハン事件当時の諸外国軍では、自走砲が開発されつつあったが、日本陸軍は榴弾砲など野砲の自走化も遅れていた。自動貨車（トラック）に速射砲を搭載する方法が教範に記載されていたが、車載状態で射撃を行うことは、不可能ではなかったようだ。

実際に、林中尉が指揮する速射砲部隊は、ソ連軍第11戦車旅団との戦闘で車上射撃を行っている。速射砲を自動貨車に搭載したまま射撃をし、41輌の敵戦車を撃破し

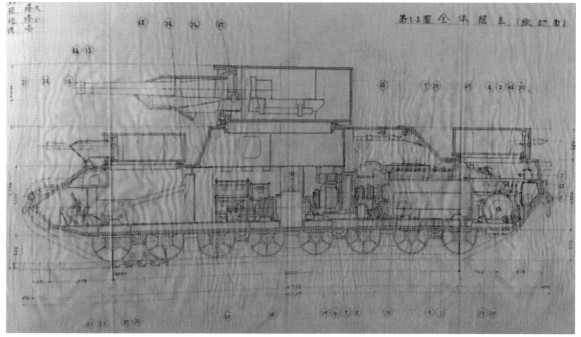

写真2-34　オイ車の現存する側面構造図。図示されている主砲は九六式十五糎榴弾砲に似たもので、副砲塔に装備されているのは47mm砲のようだ。後部には、車載機関銃を装備するための銃塔がある

たという。対戦車火器が自走できれば、牽引式よりも陣地変換や射点への移動が迅速にできるから、そのぶん多大な戦果をあげることができた。

このように、ノモンハン事件では、ソ連軍およびモンゴル人民軍に対し、かなりの損害を与えた日本陸軍だった。このため、両者引き分けと主張する識者もいる。しかし、実際には日本側も相当な苦戦を強いられており、大損害を受けたのは事実だ。

このため、日本側は「負けた」と認識して後退する一方で、ソ連側はみずからの主張する国境線を維持して停戦となった。だから、ノモンハン事件はソ連側の勝利であり、日本側が敗北したのである。

さて、ノモンハン事件での敗北は、陸軍に多砲塔型の超重戦車を開発させる契機となった。陸軍は昭和14年（1939年）、ソ連軍の縦深にわたり強固な防御陣地に対し、超重戦車を先頭にして突破を図る構想をもっていた。

それは、最前列に少数の超重戦車を配し、2列目には特殊車両、そして3列目には中戦車を配置した戦闘隊形により、攻撃前進するというものだった。ソ連軍の防御陣地に対する攻撃前進は、以下の要領で行う。

まず、超重戦車が射撃して敵の脅威度が高い火点（特に対戦車砲）を潰す。次に、特殊車両が鉄条網や対戦車豪などの障害処理を実施、後続の中戦車を通過させるため、通路の啓開を行う。この特殊車輌とは「装甲作業機（略して、SS機）」と呼ばれ、昭和11年（1936年）に仮制式となったものである（写真2-33）。

こうして、主力の中戦車が敵の陣地内に侵入、次々と火点を撃破しつつ、抵抗線を突破する。あとは、戦果拡張しながら敵陣地を制圧するだけだ。ここで主役となるのはあくまで中戦車だが、その露払いを務めるのが超重戦車である。

この超重戦車は、昭和16年（1941年）に開発が開始されたが、陸軍は「オイ車」と呼んだ。本車は「ミト車」の別名でも呼ばれるが、これは製造担当である三菱重工業の社内呼称「ミツビシ・トクシュシャリョウ」を略したものだ（写真2-34）。

本車は、計画重量が150トンにも達する多砲塔戦車であり、ドイツ軍が試作したⅧ号戦車マウスの188トンにはおよばない。だが、それでも日本が開発した国産戦車としては、現在に至るも空前絶後のスケールである。

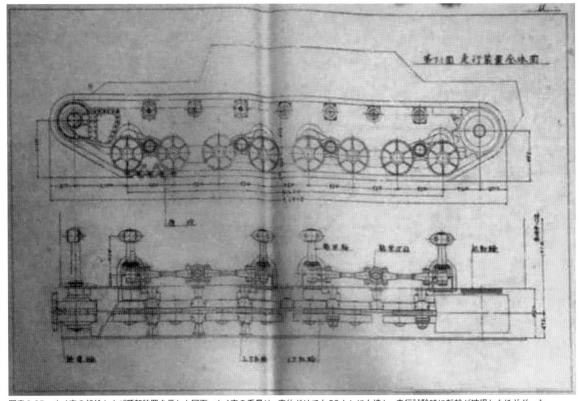

写真2-35　オイ車の転輪および懸架装置を示した図面。オイ車の重量は、車体だけでも96トンにも達し、走行試験時に転輪が破損したほどだった

　本車の開発にあたっては、陸軍技術本部の原乙未生（当時、大佐）が責任者を務めた。メーカーは前述の三菱重工業、最終組み立ては相模造兵廠である。当初の予定では、昭和16年の4月に製造開始、7月には完成する予定とされた。だが、たった3カ月で初めての多砲塔戦車を製造するのは、いくらなんでも無理がある。

　設計要員の減員や鋼材の不足なども相まって、実際の完成は昭和17年にずれ込んだ。しかも、完成したのは車体のみで、砲塔は未成だった。このため、砲塔部分はモックアップで、木製のダミー砲塔が製造されている。

　こうして、オイ車は車体部分の完成をもって走行試験を実施したが、車体部分だけでも96トンもの重量があった。これに加え、取り外し可能な前面装甲および側面装甲、砲塔および銃塔などを装備すると、合計150トンになる。

　この大重量の本車を、12気筒600馬力の水冷式ガソリン・エンジン2基で走行させることとした。

　最大速度は29.4km、巡航速度が18.7kmである。車体完成後の実用試験は、走行試験のみ行われた。だが、あまりに大重量なため、道路の沈下が生じるほどだった。

　さらに、走行試験終了時の車庫入れで、この大重量により転輪が外れ、起動輪も破損してしまう（写真2-35）。その後、本車が修理されたか定かではない。設計担当技師の回想によれば、昭和19年に解体される予定だったと述べている。

　本車は長距離の自走が不可能であり、分解・運搬に多大な労力を費やした。戦場では、敵陣の数km手前から機動するにしても、その間に故障でもしたら、突撃発起は不可能となってしまう。

　しかも、当時の日本には、本車を量産するだけの国力はない。1個中隊どころか、せいぜい数輌の製造にとどまっただろう。こうして、オイ車は「幻の戦車」として終わった。規格外に巨大な武器・兵器というものは、軍事マニアのロマンをかきたてる。だが、現実には戦場で活躍する以前に、試作で終わることも多いのだ。

写真2-36　九七式中戦車の後継で、米軍のM-3軽戦車に対抗可能な「一式中戦車」

写真2-37　ハワイの米陸軍博物館で展示されている「一式機動四十七粍砲」。ゴムタイヤを装備した、近代的な外観をもつ

（八）「三式中戦車」開発への道程

　昭和15年（1940年）、「九七式中戦車（チハ）」の後継として、「一式中戦車」の開発が始まった（写真2-36）。「九七式中戦車改（新砲塔チハ）」の搭載する一式四十七粍戦車砲および「一式中戦車」搭載の一式四十七粍戦車砲Ⅱ型は、同時期に開発された「一式機動四十七粍砲」と共通の弾薬筒を使用していた。

　この一式機動四十七粍砲は、対戦車戦闘を目的とした火砲である。九七式中戦車改（新砲塔チハ）および一式中戦車の戦車砲よりも初速が20m/秒大きいが、両火砲の貫徹力はおおむね同じだった。

写真2-38　九六式十五糎榴弾砲を牽引する、野戦重砲隊第七連隊所属の「九八式六屯牽引車（ロケ）」

一式中戦車vsM-4シャーマン戦車の射距離による装甲貫徹力比較

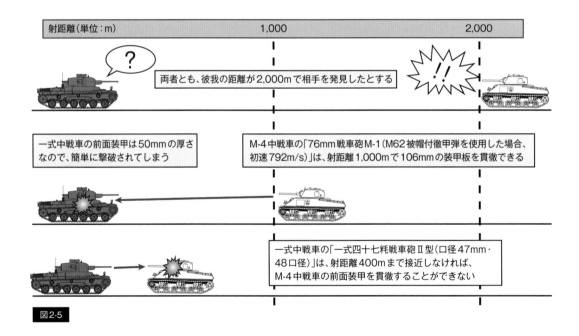

| 射距離（単位：m） | 1,000 | 2,000 |

？

両者とも、彼我の距離が2,000mで相手を発見したとする

一式中戦車の前面装甲は50mmの厚さなので、簡単に撃破されてしまう

M-4中戦車の「76mm戦車砲M-1（M62被帽付徹甲弾を使用した場合、初速792m/s）」は、射距離1,000mで106mmの装甲板を貫徹できる

一式中戦車の「一式四十七粍戦車砲II型（口径47mm・48口径）」は、射距離400mまで接近しなければ、M-4中戦車の前面装甲を貫徹することができない

図2-5

　ここで、一式機動四十七粍砲について若干ながら述べてみたい。当時の日本陸軍では、対戦車砲を速射砲と称した。本砲は名称に速射とついていないが、砲兵部隊ではなく速射砲隊に装備されていた。

　従来の速射砲は、馬車に用いられるスポーク式車輪の古めかしい外観だったが、本砲は近代的なゴムタイヤ式の車輪をもつ（写真2-37）。これにより、速射砲隊の行軍速度は従来よりも向上している。スポーク式車輪よりも、ゴムタイヤ式車輪のほうが路面・地面に対してのグリップ性が高く、空気圧によるクッション性も高い。これらの性能的特性により、迅速に走行できるからだ。

　なお、本砲の名称に「機動」と冠しているのは、自動車

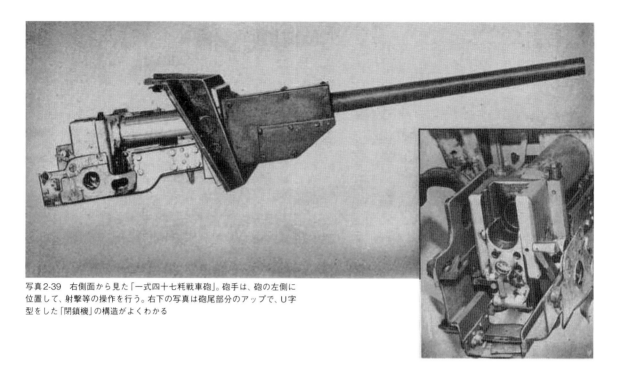

写真2-39　右側面から見た「一式四十七粍戦車砲」。砲手は、砲の左側に
位置して、射撃等の操作を行う。右下の写真は砲尾部分のアップで、U字
型をした「閉鎖機」の構造がよくわかる

牽引により、従来の速射砲よりも機動性が向上したから
である。スポーク式車輪の旧式な速射砲を馬に曳かせる
よりも、ゴムタイヤ式車輪の速射砲を自動貨車で牽引す
るほうが、作戦行動を迅速化できるのは、いうまでもない
だろう。

　ただし、自動車牽引の火砲でも、自走砲のように、戦車
部隊に随伴することはできない。もっとも、速射砲は歩兵
が扱う対戦車砲であるから、作戦行動において戦車部隊
には随伴しないものだ。ただし、戦車部隊と歩兵部隊が同
じ速度で機動できることは、戦術上必要である。だからこ
そ、一式機動四十七粍速射砲は、機械化部隊に装備され
たのだ。

　また、敵に対する射撃後に、小移動して別な射点へ行
くにしても、人力では大変である。本砲のような機械化部
隊の速射砲は、自動貨車での牽引を前提としており、砲兵
の重砲は装軌式牽引車（砲兵トラクターと呼ぶ）で曳いた
のだ（写真2-38）。

　さて、ふたたび戦車砲の話に戻る。九七式中戦車改（新
砲塔チハ）および一式中戦車（チヘ）は、装甲防護力と機
動力こそ従来よりも向上したが、火力の面では威力不足
であった。米軍のM-3軽戦車には対抗できても、M-4中戦
車が相手となると苦戦は必至だ（図2-5）。M-4中戦車に対

する、一式四十七粍戦車砲および同・II型の威力に関し、
昭和20年7月の米軍による報告書がある。

　この報告書は、戦闘時における被弾報告のデータだが、
実戦では一式四十七粍戦車砲による射撃（射距離150-200
ヤード＝約137.1〜182.8m、射角30度）により、M-4中戦
車に6発が命中、そのうち5発が貫徹したそうだ。

　ただし、命中箇所については不明であり、同年12月の
米軍による資料では、一式機動四十七粍砲での射撃試験
において、次のようなデータがある。至近距離で装甲に垂
直の角度で命中した場合、4.5インチ（約114.3mm）を貫
徹したという。

　この資料でいう至近距離とは、具体的に何ヤードか不
明である。しかし、有効射程内でM-4中戦車を撃破できな
くても、肉薄・接近して至近距離で装甲の脆弱な部位を
射撃すれば、一式四十七粍戦車砲でも撃破できそうだ
（写真2-39）。

　もっとも実戦では、敵戦車もそうそう油断してくれな
い。乗員が疲労困憊した無警戒な状態でないかぎり、防
御上の弱点である部位を、簡単に敵方へさらす真似はし
ないだろう。だから、射撃の機会もかぎられる。火力の劣
勢な戦車側は、敵に肉薄・接近するまでに、先に撃破さ

写真2-40　グアムの戦いにおいて日本軍の
速射砲で撃破された、米陸軍のM-4中戦車

写真2-41　沖縄戦で日本軍の速
射砲や刺突爆雷に対抗するため、
現地で増加装甲板を溶接される海
兵隊のM4A3（75）W中戦車。砲
塔にも履帯が巻きつけてあるのが
わかる

れかねないのだ。

　このため、戦車部隊はなるべく単独で敵戦車と交戦せ
ずに、速射砲隊や砲兵・工兵・歩兵の各部隊などと連携
し、有利な状況で戦うようにする。しかし、そうした戦い
の原則が作戦教範で謳われていても、負け戦ともなれば、
部隊戦術が有効に機能しないことも多い。

　後述するように、グアム島など太平洋戦域の島嶼では、
日本陸軍の戦車よりも速射砲のほうが活躍したといえる。
だが、これは伏撃によるものだった。M-4中戦車と真正
面から撃ち合うのではなく、待ち伏せして装甲が薄い側
面や背面を狙った結果なのである（写真2-40、2-41）。

写真2-42 1942年、日本陸軍がフィリピンで鹵獲した米軍の「M-3軽戦車」

（九）マレー方面における戦車部隊の活躍と、戦車第一師団の新編

　昭和16年12月8日、日本海軍の空母機動部隊が米国ハワイの真珠湾を奇襲し、対米戦が開始された。このころになると、陸軍の戦車部隊も15個戦車聯隊を数えるまでに拡大していた。

　当時、日本の戦車保有数は合計で1,000輌以上だったが、この数字はソ連、ドイツに次ぐ世界第3位である。のちに米国がM-4中戦車などを大量生産することになるが、この時点では米国よりも日本のほうが多くの戦車を保有していたのだ。

　対米開戦後の日本陸軍は、南方へ進出してマレー半島を南下、インド兵を含む英軍とオーストラリア軍を撃破しつつ、シンガポールの攻略を追求していた。

　マレー方面の作戦では、山下中将が指揮する第二十五軍の隷下部隊として、4個戦車聯隊からなる第三戦車団が歩兵支援で活躍した。英軍は、ドイツ軍がドーバー海峡を経由して本土侵攻する可能性を否定できず、欧州戦域の戦車部隊を増援に送ることができなかった。

　このため、日本は2カ月半でシンガポールを陥落させ、英軍は降伏。また、マレー方面を攻略する一方で、フィリピン攻略作戦も実施したが、こちらはわずか1カ月でマニラを占領、昭和17年5月には、現地の米軍を降伏させている。

　しかし、フィリピンにおける我が戦車部隊は、米軍のM-3軽戦車を相手に苦戦した（写真2-42）。当時、フィリピ

写真2-43　中国人民革命軍事博物館の抗日戦争展示フロアにある、「九七式中戦車改（新砲塔チハ）」。
鹵獲後に、中国共産党が「功臣号」と命名した車輌（写真：あかぎ ひろゆき）

ンには戦車第四聯隊および戦車第七聯隊が所在してい
た。昭和16年12月、戦車第四聯隊所属の九五式軽戦車
は、米軍のM-3軽戦車と遭遇する。

　九五式軽戦車は射距離250mにおいて、M-3軽戦車の車
輌縦隊に射撃を開始する。だが、先頭車輌に集中射を
行っても、M-3軽戦車の装甲を貫徹できない。そこで、小
隊長車が体当たりを敢行するなど、苦戦しつつも敵を撃
退した。

　また、バターン半島攻略作戦では、マニラを放棄し後
退する米比軍が頑強に抵抗しており、日本は戦車と砲兵
の増援を送る。この際に投入されたのが九七式中戦車改
（新砲塔チハ、写真2-43）であり、松岡隊と呼ばれた臨時
戦車中隊だった。

　このとき、鹵獲したM-3軽戦車に対して射撃試験を行
い、射距離1,000mで装甲の最厚部（砲塔防盾、51.4mm）
を貫徹可能なことが確認されている。しかし、九七式中戦
車改（新砲塔チハ）はM-3軽戦車と直接交戦する機会は

なかった。

　さらに、ビルマ方面攻略作戦では、ラングーンの北東
80kmに位置するペグー付近において、戦車第二聯隊が
M-3軽戦車と交戦した。ここではM-3軽戦車の撃破はも
ちろん、撃退にも至らなかった。その結果、九五式軽戦車
5輌が撃破されている。

　昭和17年（1942年）6月、満州の寧安（ニンアン）で「戦
車第一師団」が新編された（図2-6）。同師団は第一戦車団
を母体として新編されたが、当初は2個戦車旅団と、機動
歩兵聯隊および機動砲兵聯隊が各1個、その他の支援部
隊などから編成されていた。

　そして戦車旅団は、各2個の戦車聯隊からなり、各々58
輌の戦車を装備していた。師団全体の戦車装備定数は、
合計で232輌である。ただし、実際には戦車の数が足りな
くて、常時100%の完全充足には至らなかったようだ。

戦車第一師団の編成（昭和17年6月）

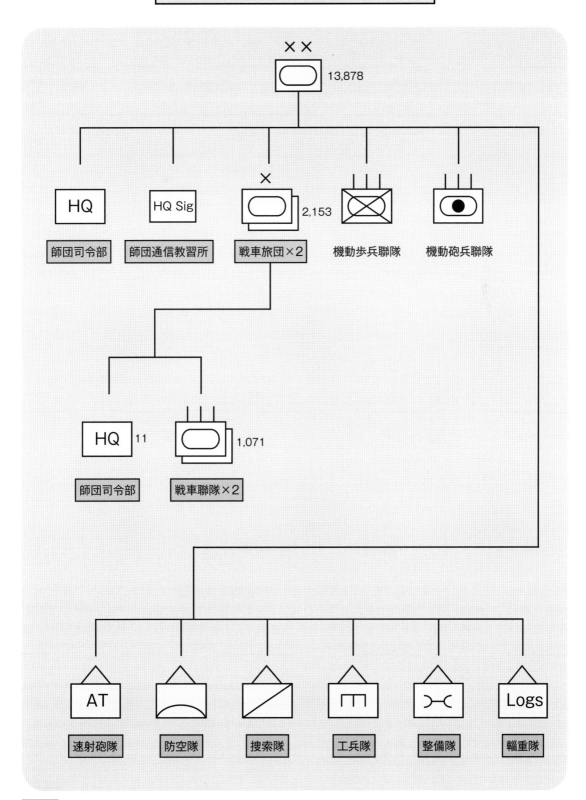

図2-6

写真2-44　サイパン島にて、水際に丸裸状態で設置され、撃破された日本軍短二十糎砲

写真2-45　サイパン島の「レッド・ビーチ」に上陸した米海兵隊

（十）サイパンの戦い～島嶼部における戦車運用

　戦局の悪化にともない、日本の実行支配下にある太平洋戦域の島々に駐留していた陸海軍の部隊は、米軍の上陸作戦実施に備え、防御を強化していた。ミッドウェー海戦の敗北で主力空母4隻を一度に喪失した日本海軍は、海戦の主導権を米軍に奪われてしまう。

　以後は攻勢に転じ、太平洋の島々を占領せんとする米軍は、日本軍が駐留する島々に上陸作戦を実施した。これに対し、我が陸海軍には米軍の上陸を阻止する力はなかった。いかに出血を強要し、持久するか。つまり、日本本土に対する米軍の侵攻を遅らせるために、島へ上陸せんとする敵上陸部隊を拘束し、時間稼ぎを行うのだ。

　日本陸軍教育総監部は、昭和20年（1945年）になってようやく「島嶼守備部隊戦闘教令（案）」を定め、いかにして島々で防御戦闘を行うか、その指針を示す。だが、時すでに遅しの感がある。

　さて、サイパン島に対する米軍の上陸作戦は、猛烈な艦砲射撃と航空攻撃で始まった。特に艦砲射撃は凄まじく、上陸前の射撃だけで138,891発、8,500トンにも達しているほどだ。これにより、築城工事が不十分な水際陣地は、大損害を受けてしまう（写真2-44）。

写真2-46 「サイパン島の戦い」において撃破された九七式中戦車の右後方には、サイパン国際空港の管制塔が見える（写真：かの よしのり）

　珊瑚礁や海浜に穴を掘って陣地構築するのだから、ろくに偽装もできず容易に発見されるし、防護力も期待できない。ちなみに、水際は「みずぎわ」ではなく「すいさい」と読む。

　一方、上陸地点の海岸を俯瞰できる丘陵など、高地に設けた防御陣地は、致命的な損害を受けることなく、軽微な損害ですんでいる。これは、巧妙に陣地を偽装していたことと、陣地の頭上を掩蓋材で防護していたことにより、猛烈な砲爆撃の効果が減殺されたためだ。

　こうして、上陸した米海兵隊は一定の損害を受けたものの、当初の作戦計画よりも遅れながらも、海岸堡を確立する（写真2-45）。米軍が上陸作戦を中止して洋上の艦艇に撤収することは、まずありえない。上陸の第一波が全滅し、加えて後続部隊も次々に全滅しないかぎり、島を防御する側の軍隊は、反撃に転じて敵を海へ追い落とすまでは持久、すなわち防御戦闘をひたすら行いつつ耐えるしかないのだ。

　サイパン島に所在する戦車第九聯隊は、九七式中戦車および九五式軽戦車を装備しており、続々と揚陸されてくる米軍のM-4中戦車と果敢に交戦した。日本の戦車兵は練度が高く、戦車砲の射撃は極めて正確だった。しか

し、我が徹甲弾は米軍のM-4中戦車に命中しても、なかなか装甲を貫徹できない。

　これに対してM-4中戦車は、偶然まぐれで我の戦車に命中弾を与えたとしても、簡単に装甲を貫徹して撃破できた（写真2-46）。M-4中戦車の前面装甲を貫徹するのが困難ならば、超至近距離まで接近して「零距離射撃」を行うか、装甲が比較的薄い側面や後面を狙って射撃するしかない。

　だが、我が日本の戦車はその多くが敵戦車に接近する前に命中弾を食らい、敵よりも先に撃破される始末だ。敵戦車の側背を狙うにしても、戦車同士の戦闘では互いに機動中なので、容易ではない。そのうち、走行間に敵弾を食らって撃破される戦車が一輌また一輌と増えていく（写真2-47）。

　戦車第九聯隊の九七式中戦車や九五式軽戦車は、米軍のM-4中戦車や37mm対戦車砲のほか、新兵器である2.36インチ・ロケット発射筒（通称、バズーカ）にも装甲を容易に貫徹され、次々と撃破されてしまう。こうしてサイパン島の戦いでは、日本陸軍の戦車は満足な戦果をあげることができないまま、無念のうちに壊滅した（写真2-48）。

写真2-47　側面から見た九七式中戦車の残骸。撃破され戦死した乗員は、さぞかし無念だったろう
（写真：かの よしのり）

写真2-48　観光コースとなっている「最後の司令部跡」近傍に残る、九五式軽戦車の残骸
（写真：かの よしのり）

　サイパンのガラパン地区では、日本の戦車は市街戦のように、建物などの地形・地物を利用して米軍の戦車と戦おうとする。だが、猛烈な艦砲射撃などにより、ほとんどの建築物は瓦礫と化していた。また、歩兵とも連携して果敢に戦ったのだが、多くの歩兵は戦車に追従できなかった。

　このため戦車に随伴するはずの歩兵部隊は、戦車の股乗歩兵を合計しても、1個中隊ほどの人数でしかなかった

（写真2-49）。これでは、死角の多い戦車を敵の対戦車砲などから防護することも困難だし、下車する前に被弾して戦死する歩兵も多かった。さらに、敵戦車との交戦に際しては、命中弾を与えても敵戦車を撃破できず、反撃により撃破されている。つまり、彼我の性能も違いすぎたのだ。

　敵の上陸部隊に対する反撃は、戦車なくして不可能といってよい。なぜなら、戦車部隊は砲兵部隊や歩兵部隊にない「衝撃力」を有しており、陸戦における機動打撃の

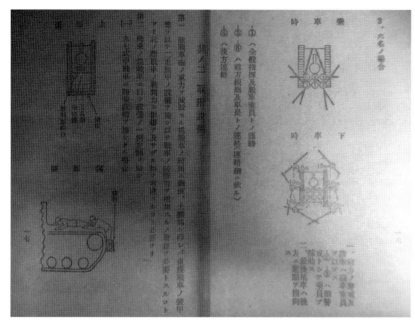

写真2-49　右ページは「對戦車戦闘ノ参考」における、股乗歩兵6名による警戒方向の分担を示した図。左ページは、股乗歩兵の乗車を容易にする「踏板」の図

写真2-50　サイパン島の北部にある「ラストコマンドポスト（最後の司令部跡）」。日本語の案内表示では、そのようになっているが、実際には海軍の沿岸監視所だったようだ（写真：かの　よしのり）

基幹部隊であるからだ。

　しかし、著しく不利な戦況から逆転勝利することは、架空戦記ではないのだから現実には難しい。なぜなら、圧倒的な敵戦力に対して総攻撃を行い、一時的に大損害を与えたとしても、本土からの補給や増援が皆無であれば、いずれ燃料・弾薬・糧食も枯渇してしまうからである。

　だが、サイパン島の日本軍はがんばった。組織的抵抗が不可能となっても、一部がゲリラ化して狙撃を行うなど、最期まで諦めずに戦った。しかし、残存部隊が夜襲に失敗すると、「もはや、これまで」と万歳突撃を敢行し、全滅してしまう（写真2-50）。

　結局、サイパン島の戦いにおいて、M-4中戦車を多少なりとも撃破し活躍できたのは、戦車よりもむしろ榴弾砲や歩兵砲、速射砲などの火砲だったのだ。

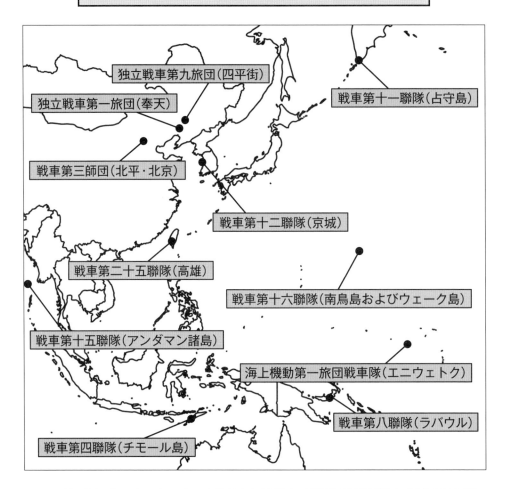

終戦時における、日本陸軍戦車部隊配置図（本土外）

独立戦車第九旅団（四平街）
独立戦車第一旅団（奉天）
戦車第十一聯隊（占守島）
戦車第三師団（北平・北京）
戦車第十二聯隊（京城）
戦車第二十五聯隊（高雄）
戦車第十六聯隊（南鳥島およびウェーク島）
戦車第十五聯隊（アンダマン諸島）
海上機動第一旅団戦車隊（エニウェトク）
戦車第八聯隊（ラバウル）
戦車第四聯隊（チモール島）

※参考：全滅した部隊の一覧
●戦車第六聯隊第一中隊及び戦車第七聯隊第一中隊、
　戦車第十聯隊（ルソン島）＝戦車第二師団隷下
●戦車第九聯隊（サイパン島）　●戦車第十四聯隊（ラングーン）
●戦車第二十六聯隊（硫黄島）＝小笠原兵団隷下
●戦車第二十七聯隊（沖縄）＝三十二軍隷下

図2-7

（十一）フィリピンおよび硫黄島の失陥と、沖縄戦

　サイパンの陥落により、米軍のB-29爆撃機が日本本土を空襲可能になったが、このころには陸軍の戦車部隊も相次いで全滅を重ねていた。サイパンを含むマリアナ諸島を占領した米軍は、次なる攻撃目標をフィリピンに移す。

写真2-51　愛馬ウラヌスとのツーショットで笑顔を見せる、「バロン西」こと西竹一。のちに、戦車聯隊長として部隊の指揮を執る

　日本は、絶対国防圏に定めた防衛ラインを維持できず、米国と講和の機会も失った。だが、もとより米国は日本と講和をするつもりもなく、大日本帝国の敗北は必至であった。

　しかも、戦況が日本に有利であるうちに講和するならまだしも、もはや戦局を挽回不可能なタイミングで講和に応じる国など存在しないだろう。このため、のちに米国は日本に対し、無条件降伏を突きつけることになる。

　さて、フィリピン攻略を企図する米軍の前に、日本はいくらかでも有利な条件で講和するため、米軍に少しでも出血を強要しようとした。フィリピンのルソン島には、戦車第二師団が駐屯していたが、その装備する戦車は九七式中戦車（改）である（図2-7）。

　これに対する米軍の戦車はM-4シャーマン中戦車であり、正面から戦いを挑んでも、撃破されることはいうまでもない。そこで我が戦車は、敵戦車の側背から射撃して撃破するなど、一定の戦果をあげている。

　だが、我と同じ中戦車でも、敵戦車の装甲は厚い。我が敵の側背に機動する前に、敵弾が命中して撃破される戦車も多かった。結局、3年前に米軍を追いだしたフィリピンでは、今度は日本が逆の立場となったのだ。

写真2-52　沖縄戦の安里五二高地（シュガーローフ・ヒル）における、一式機動四十七粍砲。同砲の防盾は欠落しているが、正面にM4中戦車とLVTが擱座しているのが見える

　昭和20年2月19日、米軍は硫黄島に上陸し、栗林中将率いる守備部隊と激烈な戦闘を行った。硫黄島には、ロサンゼルス五輪（昭和7年開催）の馬術競技金メダリストである「バロン西」こと西竹一聯隊長が率いる、戦車第二十六聯隊が所在していた（写真2-51）。

　西は、島の地形が戦車の機動に適さないため、戦車を移動可能なトーチカとして伏撃に用いた。そして西は、聯隊の装備する戦車が全滅すると、鹵獲したM-4中戦車などに搭乗して戦うなど、先頭に立って奮戦している。

　彼の最期は諸説あるが、戦死または自決したとみられている。1カ月後に島をほぼ制圧した米海兵隊だが、死傷者数の合計は28,686名と、19,900名を数えた日本軍よりも多かった。

　昭和20年3月26日、米軍は沖縄本島上陸作戦にあたり、徹底した空襲と艦砲射撃を実施した。4月1日に上陸を開始した米海兵隊および陸軍は、当初18万人の兵力だったが、のちに28万人に達している。

　これに対する我が陸海軍の地上戦力は、現地召集兵を含めても12万人に満たないものだった。沖縄の防衛にあたる第三十二軍の指揮官、牛島中将は遅滞行動で米軍に出血を強要しつつ、粘り強く持久戦を行った（写真2-52）。

　しかし、制空権は敵の手中にあり、機雷により海上封鎖された状態では、本土からの増援は期待できない。戦車第二十七聯隊は、第三十二軍で唯一の機甲戦力であった。

　「九七式中戦車チハ改」装備の第三中隊を欠いており、九五式軽戦車×23輌が主力だったが、全滅するまで奮戦している。こうして6月23日には米軍に追い詰められて牛島中将も自決、沖縄における日本軍の組織的抵抗は終わったのだ。

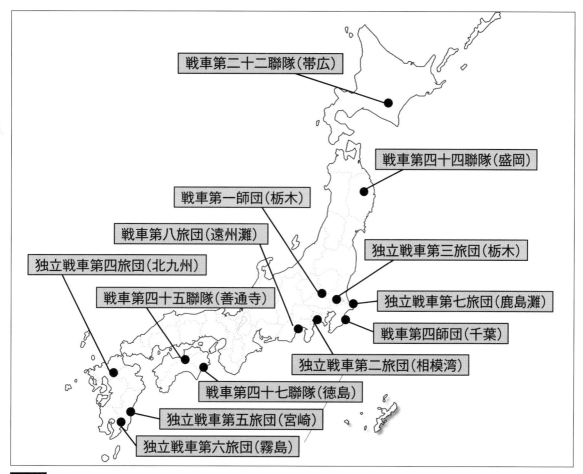

終戦時における、日本陸軍主要戦車部隊配置図(本土)

戦車第二十二聯隊(帯広)

戦車第四十四聯隊(盛岡)

戦車第一師団(栃木)

戦車第八旅団(遠州灘)

独立戦車第三旅団(栃木)

独立戦車第四旅団(北九州)

戦車第四十五聯隊(善通寺)

独立戦車第七旅団(鹿島灘)

戦車第四師団(千葉)

独立戦車第二旅団(相模湾)

戦車第四十七聯隊(徳島)

独立戦車第五旅団(宮崎)

独立戦車第六旅団(霧島)

図2-8

(十二) 日本陸軍戦車部隊の終焉

　このようにして、本土決戦準備中 (図2-8) の日本であったが、昭和20年の8月6日に広島、9日に長崎と相次いで原子爆弾を投下され、大きな損害を受けてしまう (写真2-53)。そして同年8月15日にポツダム宣言を受諾し終戦となり、日本陸軍戦車部隊も終焉を迎えたのである。

　だが、日本陸軍の戦車は、その後も戦闘を継続しなくてはならなかった。同年8月9日に日ソ中立条約 (通称、不可侵条約) を破棄したソ連が、一方的に日本へ侵攻したのである。

　第九十一師団が駐屯する占守島には、合計8,500名の陸軍兵力があったが、その一方で航空戦力は微々たるものだった。一式戦闘機「隼」と、海軍の九七式艦攻 (艦上攻撃機) がたったの各4機だけ、というありさまである。

　対するソ連軍は、陸軍が第101狙撃師団など8,800名、海軍は兵員が海軍歩兵1個大隊、輸送艦および上陸用舟艇など艦艇54隻を装備していた。ただし、そのうち水上戦闘艦は警備艦が2隻のみで、ほかに機雷敷設艦と掃海艇があるだけだった。

　だが、ソ連軍は有力な航空戦力をもっていた。空軍は1個飛行師団、海軍は1個飛行連隊の合計78機と日本側の

写真2-53　1945年8月9日。広島に次いで長崎に原子爆弾が投下されたことで、日本は終戦の道を選ぶことになる（出典：Wikipedia）

写真2-54　陸自第11戦車隊の「90式戦車」。砲塔に伝統を継承する「士魂」の2文字を入れているのがわかる

航空戦力を圧倒していた。しかし、悪天候で飛来できなかったのである。

　占守島には「戦車第十一聯隊」が所在しており、合計64輌の戦車を装備していた。その内訳は、九十七式中戦車（チハ）×19輌、同・（新砲塔チハ）×20輌、九五式軽戦車×25輌である。

　戦車第十一聯隊は、部隊番号の漢数字である十一を組み合わせると、「士」という文字になることから「士魂部隊」と俗称された。同聯隊は戦闘の結果、聯隊長以下96名が戦死、21輌の戦車を失ってしまう。

　だが、占守島の戦いでは、ソ連軍に大損害を与えて停戦となり、勝利することができた。8月15日の終戦で連合国軍との戦争には敗北したが、停戦後のソ連軍との交戦で最期に一矢報いたのだ。その敢闘精神は戦後の陸上自衛隊第11戦車隊にも継承され、部隊マークとして90式戦車の砲塔に「士魂」の2文字を入れている（写真2-54）。

Column 自動車産業の発達と戦車開発

世界広しといえども、戦車を自力で開発可能な国は、意外と少ない。せいぜい十数カ国にかぎられるだろう。航空機であれば、先進国以外の中小国、イラン・パキスタン・インドネシア・ブルガリア・ウズベキスタンなどでも製造されている。艦艇の開発では、海に面した小国にも小規模な造船業があるなど、実際には航空機や艦艇を開発できる国のほうが多いのだ。

これに対し、戦車を開発可能な国々はというと、米・露・中・英・仏・独・伊、そして日本と韓国のほか、インドやトルコ、イスラエル、ウクライナくらいではなかろうか。これに加えて中小の新興国ならば、ブラジルやアルゼンチン、南アフリカも戦車を開発できそうだ。

一方で、過去に国産戦車を製造していたが、輸入に切り替えてしまった国々もある。スウェーデンやスイスなどがそうだ（コラム2-1）。当然だが、陸・海・空それぞれの武器・兵器が高性能化するにともない、その開発費も比例して上昇する。21世紀の現代では、先進国の大国ですら武器・兵器の国産開発を断念し、複数の国と共同開発するケースが増加しているのだ。

ともあれ、これらの戦車を国産開発可能な国々には、一定規模の自動車産業が存在する。また、それ以外の中小国でも、小規模な自動車産業をもつ国もある。

そうした国々は、戦車は国産していなくても、装輪式の装甲車なら国産しているとか、潜在的な戦車開発能力をもっているともいえるのだ。つまり、ある国における自動車産業の存在は、戦車開発能力の指標となるといってよい。

現代でこそ日本の自動車は、信頼性などの面において世界で高い評価を得ている。だが、日本における自動車輸出の黎明期は、まさに惨憺たる状況だった。当時の日本車は、すぐに故障するなど品質が低く、欧米の顧客からクレームが続出したのである。

そもそも日本は、馬車や自転車の製造を経験することなく、いきなり駕籠から自動車を製造することになったのである。なにしろ、それ以前のクルマといえば、牛車とか大八車しか存在しなかったからだ。

日本では、明治になってから四輪式の荷車が出現し、前輪の向きを変換して、道路のカーブを容易に曲がることができるようになった。しかし、こうした操行装置（ステアリング機構）は、すでに西洋が馬車で実現していたことである。

この点、欧米では馬車を設計した経験を活かし、操向装置をつけた車台に蒸気機関を搭載することで、わりと簡単に自動車の原型を確立できた。

コラム2-1　戦車なのに無砲塔で、しばしば「ユニークな」と形容されるスウェーデン軍の「Strv.103戦車」。現代のスウェーデンは戦車開発を諦め、ドイツの「レオパルト2戦車」を輸入している（写真：スウェーデン国防省）

　ところが、日本は欧米と対照的に、交通機関は駕籠しか存在しなかったのに、いきなり馬車や自転車、そして鉄道が出現したのだ。駕籠は急速に廃れ、人力車に変わったが、その後しばらくして日本にも自動車がやってくる。もちろん、その自動車は輸入品だが、模倣による国産化の試み自体はわりと早かった。

　たとえば、国産の自転車は明治元年（1868年）に早く

コラム2-2　日本初の国産自動車「山羽式蒸気自動車」。車に乗っているのは、注文主の森房蔵一家（写真：ジャパンアーカイブズ）

も登場したし、国産自動車の第1号「山羽式蒸気自動車」は、日露戦争開戦の明治37年（1904年）に製造されているのだ（コラム2-2）。

　自動車は欧米の発明品であるから、日本が自動車の国産化にあたり、それを模倣して追従したのは当然だろう。だが、日本における自動車メーカーの勃興は、欧米に遅れること20年以上であった。

　それまでは、個人の発明家が手作りで自動車を製造していたようなものである。T型フォードのように自動車を大量生産するなど、日本では夢にも等しいことだったのだ（コラム2-3）。

　このように、自国に有力な自動車産業が存在することと、国産戦車の開発には密接な関係がある。確かに、旧ソ連および現代のロシアがそうであるように、有力な自動車産業がなくても、そこそこ有力な国産戦車を開発できる。

　旧ソ連では、一般大衆向けの自動車を作れなくても、農業用トラクターを製造する技術があれば、戦車を開発できたのだ。だが、それは例外的なことにすぎない。国力のリソースを、軍用車両開発に大きく割いた結果なのである

コラム2-3　1913年、ハイランドパークの工場における、米国の「T型フォード」製造ライン。ボディを架装中の場面。1908年の量産開始以来、16年間で1,000万台を製造した

日本陸軍戰車理解・其ノ参

三式中戰車
（チヌ）

写真3-1　左側面から見た「三式中戦車」。陸上自衛隊土浦駐屯地における、日本唯一の現存車両だ

日本陸軍戦車理解・其ノ参
三式中戦車（チヌ）

三式、四式、五式の各中戦車で、唯一量産された「三式中戦車（チヌ）」。
日本陸軍の戦車として最後に制式化された本車は、
本土決戦において、いかにして
米軍の戦車と渡り合おうとしたのだろうか。

（一）三式中戦車（チヌ）の概要

開発の背景

「三式中戦車（チヌ）」は、米軍の「M-4シャーマン中戦車」を撃破可能な戦車の量産を目的として、昭和19年5月に開発がスタートした。

本戦車はまったくの新規開発ではなく、一式中戦車をもとに改造して開発が行われた。そうでもしなければ、戦局が日増しに悪化していくなかで、とても短期間に量産まで漕ぎつけることは不可能だっただろう。

車体構造および機能

三式中戦車（チヌ）の車体構造だが、一式中戦車の車体および走行装置を使用し、これに六角形をした大型の砲塔を載せたものだ。比較的小さな車体に大型砲塔を搭載した姿は、一見するとアンバランスに感じる（写真3-1）。しかし、九七式中戦車や一式中戦車といった従来の車輛と比較すれば、外観上は近代的であろう。

車体および砲塔は、圧延防弾鋼板を溶接して組み立てられていて、砲塔には車長用展望塔（commander's cupola）がある。この展望塔には、外部視察用の防弾ガラ

写真 3-2　車体前方から見た三式中戦車の「動力伝達装置」。操向変速機（トランスミッション）から左右へ分配された駆動力は、終減速機を経由して起動輪へと伝わる

写真 3-3　昭和20年、工場で組み立て中の「三式中戦車」。転輪部分の細部まで鮮明にわかる

スつき貼視孔（英語でスリット、ドイツ語でクラッペ）がついていた。

現代の戦車なら、潜望鏡（ペリスコープ）どころか赤外線暗視機能つきカメラまでついているが、当時の日本戦車には貼視孔しかなかった。しばしば車長はハッチを開けて、肉眼で外部を視察したがるものだが、貼視孔により車内から外部を見ることができた。とはいえ、これでは不十分なので、ハッチを開けて直接外を見るのだ。

車体後部にはディーゼル・エンジンを搭載し、エンジンからの出力は、プロペラシャフトを介して車体前方に

85

写真3-4　工場で最終組み立て中の「三式中戦車」。履帯結合前の状態であり、戦車砲も未搭載である。写真左上は、砲塔部分を拡大したもの。「78」という数字が書かれているが、通算78号車を意味すると思われる

マウントされたトランスミッションに伝達された（写真3-2）。この駆動力が、約19トンの車体を前進させる。

　走行装置は車体の前方に起動輪、後方に誘導輪をそれぞれ設けていた。転輪は、片側6個で計12個からなり、3個の上部転輪で履帯を保持する方式だった（写真3-3）。懸架装置は、のちに諸外国で採用されるトーションバー方式ではなく、弦巻バネ（コイル・スプリング）を使用した「シーソー懸架方式（平衡式連動懸架装置）」である。

　この方式を用いた足回りは、九七式中戦車（チハ）以降における日本の戦車としては標準的なものだ。もっとも、この時代は諸外国の戦車も「板バネ懸架方式（リーフ・サスペンション）」などを採用していた。

生産と部隊配備

　三式中戦車（チヌ）の生産数は、通説では166輌ということになっている。だが、それは車台のみの数字であり、

砲塔つきの完全な車輌は60輌、あるいは78輌という説もある（写真3-4）。この写真は、三菱重工東京機器製作所において、昭和20年7月に撮影されたといわれているものだ。それが事実であるならば、終戦の1カ月前に通算78号車が組み立てられていたことを示唆する。総生産数を166輌と仮定した場合、166 − 78 = 88となるが、1カ月間で88輌の製造は不可能だろう。

火力

　三式中戦車（チヌ）が搭載する戦車砲は、「三式七糎半戦車砲Ⅱ型」と呼ぶ。これは、まったく無の状態から新規設計したのではなく、九〇式野砲および機動九〇式野砲の砲身などをベースにしたものだ。

　当初、一式七糎半自走砲（ホニⅠ）の搭載火砲として改修したものを、さらに改修して三式七糎半戦車砲とした。分類上は、これを三式七糎半戦車砲Ⅰ型と称してⅡ型と区別することはない。

写真3-5　日本が降伏後、米軍に接収された三式中戦車。砲身下部の駐退複座機に被弾したら、損傷して射撃が不可能になる恐れがあった

写真3-6　現代の米軍が装備している155mm榴弾砲M777。右から2人目の兵士が引いている紐が「拉縄」

　さて、この三式七糎半戦車砲Ⅱ型だが、砲身下部に設けられた駐退複座機が、砲塔の外部に露出していた。もし、この部分に被弾したら、損傷して射撃不能になる恐れはあっただろう（写真3-5）。

　ところで、三式七糎半戦車砲Ⅱ型は、射撃に際して発射ボタンや撃発レバーを押したり、引鉄を引いたりするのではなく、拉縄射撃することに特徴があった。拉縄射撃とは、早い話が紐を引いて戦車砲を撃発することだ。これは、榴弾砲などの野砲で用いられることが多いが、野砲を転用した戦車砲なので、拉縄式のままである（写真3-6）。

写真3-7　三式中戦車ではなく、八九式中戦車のものであるが、車体前方下部における、尖頭リベットおよび尖頭ボルトの鋲接状況

写真3-8　航空機のリベット打ち（打接）作業の例。リベットを打つ人（左）と、裏側で「当て盤」を押さえる人（右）との連携作業である

野砲にかぎらず、戦車砲なり高射砲なり口径に関わらず、すべての火砲には「腔発（こうはつ）」や、砲弾の「過早破裂（かそうはれつ）」など危険がつきまとう。腔発とは、火砲の射撃時にまだ砲弾が砲身内を移動中に破裂することで、過早破裂は砲弾が砲腔をでて飛翔中に、なんらかの原因で予期せず早期に破裂することである。

これらの現象は、信管の不具合に起因することが多いが、ごく稀にしか発生しない。しかし、非常に危険な現象であり、砲側要員つまり火砲を操作する兵士に死傷者がでてしまう。万が一の際に、火砲から少しでも距離をとることができるという点で、気休め程度には拉縄射撃はいくらか安全である。

しかし、拉縄射撃はもともと、野砲に「駐退機」がな

かったころに行われた。昔の火砲は射撃を行うたびに、砲全体が反動で後退してしまう代物だったからだ。そこで射撃の都度、後退した火砲を当初の位置に戻し、照準をやり直していたのである。

その後、火砲に駐退機が装備されるようになっても、射撃の際に駐退機による反動吸収作用と同時に、砲身が後座（後方へ動く）するので、野砲では拉縄射撃が行われたのだ。

ただし戦車砲の場合、砲弾の内部に炸薬が入っていない徹甲弾は爆発することがないから、通常は拉縄射撃しなくても安全である。危険なのは、徹甲弾の内部に炸薬を内蔵している徹甲榴弾だ。それに、戦車だって野砲のように榴弾を撃つ。したがって、拉縄射撃を行う三式七糎半戦

写真3-9　終戦後、米軍に接収された「三式中戦車」。米国本土へ海上輸送準備中の様子。司馬遼太郎氏は、本車の装甲板にヤスリがけしてみたという

車砲Ⅱ型は、戦車砲の運用としては珍しい存在であろう。

　ちなみに撃発とは、銃砲射撃時の発射を意味する、少し学術的な言い方である。正確には、発射という行為そのものではなく、発射するために設けられた銃砲内部の撃針など、発火に関わるメカニズムの作動をいう。なお、「防衛省規格　火器用語（小火器）NDS Y 0002B」では単純に「衝撃などのエネルギーによって火薬を発火させること」と定義している。

　こうした専門用語をマニア仲間との会話でさりげなく使用すると、同好の士から「通」だと一目置かれるそうなので、初心者のマニア諸氏は一度試してみるとよい。

防護力

　本車の装甲には、表面を焼き入れした第三種防弾鋼板が採用され、鋲接（リベット止め）ではなく全溶接で組み立てられた。溶接による組み立ては、車体前面であれば、一式中戦車（チヘ）ですでに用いられている。

　この点、車体前面が鋲接されていた九七式中戦車であれば、被弾時の衝撃でリベットがちぎれ、車内に飛散することがある。そうなると、乗員が死傷することがあるから、溶接構造になったのは技術的に大きな進歩だった（写真3-7）。

　また、戦車を製造時にリベット止めするよりも、溶接のほうが人手も手間もかからない。戦車の製造時における、リベット止めと溶接の作業工数を比較した資料は見たことがないが、溶接のほうが早いだろう。

　余談だが、筆者は陸自の航空科出身である。陸曹候補生の航空機整備課程教育では、機体に用いるアルミニウム合金を使い、生まれて初めてリベット打ちを経験した。傍から見ると簡単そうなのだが、実際にやってみるとこれがまた難しい。

　なぜなら、2枚に重ねたアルミ合金を打鋲するには、裏側で押さえる役目の者と息を合わせ、阿吽の呼吸で作業しなくてはならないからだ。なにしろ、表面側からは裏側で押さえている人の状態、つまり「当て盤」をしっかり押さえているか、まだ準備ができていないかは見えない（写真3-8）。ちなみに写真の作業例では見えているが、読者の理解を用意にするため、あえて掲載した。

　だから、筆者のように人一倍不器用な人間同士のペアだと、熟練工のように迅速かつ正確に行うことは不可能である。ただし、一般的な日本人ならば、何度も実施しているうちに慣れるだろう。

　対米戦の末期には、女学生まで工場に動員されて武器・兵器の製造を行ったが、リベットによる鋲接はさぞ

写真3-10 「かかみがはら航空宇宙博物館」に展示されている、ハ40の改良型「ハ140」。写真は、知覧特攻平和会館に展示されていたときのもの

写真3-11 昭和13年 (1938年)の支那事変における、起動車での航空機エンジン始動風景。写真左側の奥に、陸軍の九七式戦闘機と発動機始動車(起動車)が見える

かし大変だっただろう。航空機用ならともかく、戦車や艦艇に使用されるリベットは径が大きい。だからそのぶん、大きな力を必要とするし、赤熱しているうちにすばやく打たなければならない(これを熱間工法という)。

さて、話を戻す。本車は一式中戦車の車体を用いたため、本車の装甲厚も前面で50mm、側面が25mm、後面20mm、上面12mm、そして底面が8mmというものだった。

一般的に戦車の装甲は、敵弾が命中する可能性が低い順に薄くなる。つまり車体や砲塔の前面が一番厚く、次い

で側面、後面、上面、底面の順で薄くなっていく。なぜなら、戦車の装甲を全周にわたって均一にしたら、重すぎて行動不能となるからだ。これは、初心者の戦車マニア諸氏にも容易に想像がつくことであろう。

ところで、先の大戦で戦車兵だった作家の故・司馬遼太郎氏は、著書『歴史と視点－私の雑記帳／新潮文庫刊』の中で、戦車の装甲について言及している。司馬氏によれば、三式中戦車(チヌ)の装甲板をヤスリがけしてみたところ、表面に削れた跡がついたという(写真3-9)。

写真3-12　三式中戦車の生産ラインにおける、組み立て工程を示す1枚。写真中央には、ワイヤーで吊られた状態のトランスミッションが見える

その一方で、九七式中戦車の装甲表面はヤスリで削れなかったそうだが、この事実だけをもって本車の装甲板が粗悪な品質とはいえない。ただし、本車の開発当時は戦局が悪化しつつあったので、品質が低下していた可能性も否定できないのだ。

司馬氏は戦時中、陸軍第一戦車師団第一戦車聯隊に勤務していたことで知られる。学徒出陣の予備将校とはいえ、帝国陸軍少尉「福田定一（司馬氏の本名）」であり、昭和19年には戦車小隊長を拝命しているのだ。だが、戦後の司馬氏はあくまで歴史作家であり、軍事評論家ではない。

司馬氏は、作家人生の後半において、歴史を中心とした諸分野の評論を多数行っている。なかでも、自己の従軍経験をもとにして、九七式中戦車について論評したほか、ノモンハン事件などの研究成果として、戦史についても論評したのはご存じであろう。このため司馬氏の軍事に関する記述、とりわけ戦車についての言及には、誤りも散見されるようだ。これは、司馬氏が軍事評論家ではなく、一人の従軍兵士が残した従軍記と同様に、客観的記述よりも主観的記述を優先したがためだろう。

ちなみに現代の日本では、JIS＝日本産業規格（旧・日本工業規格、2019年に改称）で金属材料などの硬さ試験方法が示されており、ビッカース硬さ試験やロックウェル硬さ試験など、さまざまな試験方法がある。

しかし、明治以来戦前の日本では、工業製品の試験方法だけでなく、統一された工業規格すら存在せず、官民で規格がバラバラだった。その後、大正時代から統一規格の制定を試み、日本標準規格および臨時日本標準規格（戦時規格）を定めている。それでも、国産の武器・兵器、民生品を含む工業製品の標準化は進まなかった。

このため、陸軍と海軍のように、異なる組織間では部品も弾薬も融通が不可能だった。両者が使用する武器・兵器や資機材の規格が異なれば、当然ながら互換性はないのである。

機動力

本車の搭載するエンジンは、「統制型一〇〇式空冷V型12気筒ディーゼル・エンジン」である。最大出力は240馬力（2,000回転時）を発揮、排気量は21,700ccであった。路上における最大速度は約39kmで、一式中戦車よりも5km遅い。しかし、この程度の速度がだせるならば、実用上は十分であっただろう。少なくとも、第二次世界大戦時の英国が用いた各種の歩兵戦車と比較すれば、それほど鈍足ではない。

余談だが、日本の陸海軍は航空機用エンジンの開発において、非常に苦労をした。特にドイツのDB-601をライセンス国産化した「ハ40」という液冷エンジンは、その品質およびカタログ性能において、オリジナルよりも劣っ

ていたのは否めない（写真3-10）。

　これに対して戦闘車輌用の国産エンジンは、ガソリン・エンジンであれディーゼル・エンジンであれ、その開発において、航空機のエンジンほど苦労はしなかった。なぜなら、戦闘機などのエンジンと比較して、設計上の要求仕様はそれほど厳しくないからだ。

　これに対し航空機のエンジンは、ひとたび空中で停止すると、再始動できる保証はない。だから、信頼性など品質管理が極めて厳格であり、戦車用エンジンの比ではないだろう。わが日本は、航空機用エンジンの開発に苦労したが、戦車などの戦闘車両用エンジンに関しては、そうひどいできではなかった。

　当時の日本は「一等国」を自称する「列強」のなかで、一番貧乏な国だったといってよい。その日本が開発したのだから、戦車用のディーゼル・エンジンも、当時の各国と比較すればよくやったと評価できよう。

　だが、エンジンの故障もさることながら、寒冷地でのエンジン始動が困難になるのは戦車も同様だ。自動車であれば、イグニッション・キーをひねるかスターターボタンを押すことで、車載バッテリーから電気が供給されエンジン始動できる。

　戦車や軍用機も基本的には同様だが、搭載されたバッテリーを温存するために、普段のエンジン始動時はバッテリーを使用しない。当時の航空機であれば、プロペラのクランク軸を外部の動力で回転させてエンジンを始動させる、自走式の「起動車」を用いていた。

　第一次世界大戦時の複葉機は、整備兵が手でプロペラやクランク軸を回してエンジン始動したものだが、一発で始動できる保証はない。しかも、始動後に回転するプロペラに巻き込まれて死傷する危険もあるし、作業効率が悪すぎる。そこで、航空機のエンジン始動に起動車が使用されるようになった。この起動車は、冬季の寒冷地だけでなく、オールシーズン使われる（写真3-11）。

　また、現代の戦車や航空機には補助動力装置（APU）が搭載され、自力でエンジン始動ができる。しかし、万が一に備えて「航空電源車（陸自）」や「起動車、自走式（空自）」を装備しており、季節に関係なく外部電源でエンジン始動をすることが可能なのだ。

　この点、厳寒の満州では、戦車や装甲車など戦闘車輌のエンジン始動に苦労したそうである。なにしろ戦車の場合は、航空機のように起動車だとか電源車といった支援器材がない。

　ただし、敵機の迎撃に1分1秒でも迅速な離陸が要求さ

れる戦闘機とは異なり、戦車の場合は多少エンジン始動に時間を要しても、作戦行動に大きな支障をきたすほどではないのが救いだろう。

もっとも、エンジン始動よりも問題なのは、厳寒期にはオイルが固まってしまうことである。現在であれば、添加剤を加えて厳寒の地でも固まらないオイルがあるが、当時のオイルは一定の寒さまで外気温が低下すれば固まってしまう。

このため、航空機や戦車などのエンジン始動前、事前に温めておいたオイルを入れたり、オイルタンク（または、オイルパン）の下に練炭を設置し火を起こしたりして（！）、各部隊が創意工夫により対処していた。

特にソ連軍などは、厳寒期に航空機や戦車のエンジンを一晩中かけ放しにしたものを、常に1機（1輌）用意しておいたそうである。その機体（車体）から、他機（他車）にオイルを分け与えて、オイルが固まるのを防ぐためだ。

さて、次は操縦である。操縦は、左右の「操向レバー」および「制動レバー」で方向の制御を行う。変速は手動式のマニュアル・トランスミッションであり、アクセルおよびクラッチ、ブレーキの各ペダルを操作しなくてはならなかった。航空機の操縦と同様に、両手両足を総動員するのだ。

現代の戦車はほとんどが自動変速で、オートバイのグリップ状をした操向ハンドルか、ステアリング・ホイール式のハンドルで、もっと容易に操縦できる。それと比較すれば、当時の戦車兵はさぞかし操縦が大変だったことだろう。

また変速装置だが、当時の戦車は自動変速ではなく、手動変速だった。三式中戦車（チヌ）は、車体後部にエンジンがあり、車体前方のトランスミッションを介して起動輪を駆動し、手動変速で走行する仕組みだった（写真3-12）。自動車の駆動方式を、エンジンと駆動輪の配置関係でいえば、FF（前輪駆動）やFR（後輪駆動）、そして4WD（4輪駆動）などがある。ところが、戦車には自動車ではまず見かけない、RFという駆動方式も存在した。

この方式は、米国のM-4戦車をはじめ、当時のドイツやイタリア、そして日本の国産戦車も採用していたものである。車体後部にあるエンジンからドライブシャフトを介し、車体前方の起動輪を回転させて走行する方式だ。

だが、この方式ではドライブシャフトが存在することで車内が狭くなるし、設計上は車体の重量バランスが偏ってしまう。車体後部にエンジンを配置するので、重心位置を調整するため、どうしても砲塔を車体前方寄りにレイアウトせざるをえないのだ。また、車高も低くするのは難しい。

この点、現代の戦車はたいていがRRであり、エンジンと変速機が一体型になったパワーパックを搭載している。だが当時の日本には、両装置とも小型化するだけの技術はない。また、エンジンと変速機を一体化する設計概念もなかった。

それは、米国やドイツなども同様だった。しかし、米国はM-26パーシング重戦車でパワーパックを実用化して、他国に先んじたのである（写真3-13）。第二次世界大戦後の1960年代には、ドイツなどヨーロッパ諸国の戦車も、軒並みパワーパックを搭載した後輪駆動の戦車になった。

（二）部隊運用と戦術 ～チヌが想定した敵戦車

もし連合国軍の日本本土制圧・占領作戦「ダウンフォール」が発動していたら、どうなったのだろうか。ダウンフォール作戦とは、米軍など連合国軍による日本本土侵攻作戦であり、九州地方に上陸するオリンピック作戦と、関東地方に上陸するコロネット作戦からなる（図3-1）。

このうち前者のXデイ、作戦実施日時は昭和20年の11月1日0600時とされ、後者は翌昭和21年春ごろに実施予定であった。そして、関東地方に上陸するコロネット作戦は、首都東京の直接制圧を狙ったものだった。

しかし、同時にもっとも激しい抵抗が予想されることは、米軍も承知のうえである。このため、コロネット作戦には合計で1171,646名もの兵力を投入する予定であった。一方で、オリンピック作戦は上陸部隊の兵力だけで

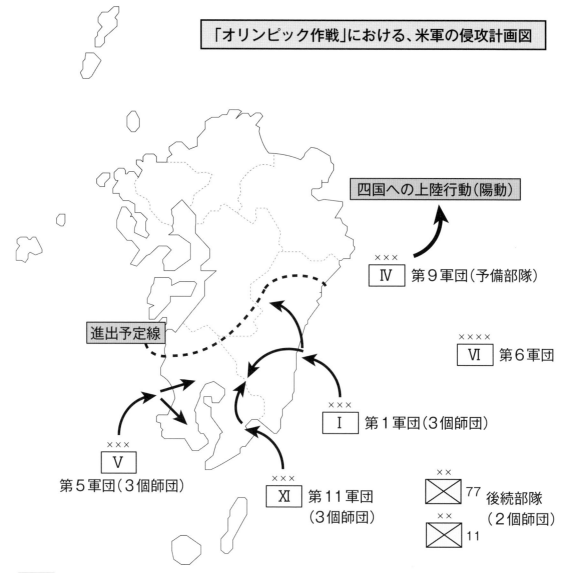

「オリンピック作戦」における、米軍の侵攻計画図

四国への上陸行動（陽動）

×××
|IV| 第9軍団（予備部隊）

進出予定線

××××
|VI| 第6軍団

×××
|I| 第1軍団（3個師団）

×××
|V|
第5軍団（3個師団）

×××
|XI| 第11軍団
（3個師団）

××
|⊠|77 後続部隊
××
|⊠|11 （2個師団）

図3-1

574,730人、航空部隊および兵站など後方支援部隊を含めると、合計766,700人の兵力が必要と見積もられた。

また、米軍と共同作戦を行う英軍は、支援要員を含め合計20万人を投入予定であった。この数字は、史上最大の作戦と呼ばれた「ノルマンディー上陸作戦」（写真3-14）の規模を凌駕する。

では、これに対する日本は、いかにして日本本土の防衛を行おうとしたのだろうか？　昭和20年4月、日本陸海軍は「本土決戦準備要綱」を定め、「決号作戦」の計画を進めていた（図3-2）。

この作戦計画では、戦車師団×2個、戦車旅団×9個、戦車聯隊×25個の合計1,486輛におよぶ戦車をもって、敵に対する反撃を企図していた。東日本の防衛にあたる第一総軍は、隷下部隊に関東地区を担当する「第十二方面軍」を擁し、虎の子たる戦車師団×2個をもつ。

九州に戦車旅団を3個配置しているのと比較すれば、いかに関東地区の防御を重視していたかがわかるだろう。本土決戦時における「第十二方面軍」の作戦構想は、次のようなものである。

第十二方面軍は、敵の主要上陸地点を「鹿島灘」・「九

写真3-14　1944年に実施され、史上最大の作戦と呼ばれた「ノルマンディー上陸作戦」。写真は揚陸時の様子で、
おびただしい数の揚陸艦艇と車両群、阻塞気球が見える

十九里」・「相模湾」の３カ所と見積もり、図のように部隊
展開させるつもりだった（図3-3）。第一総軍の作戦参謀
は、「敵は、首都東京にもっとも接近が容易なことから、
九十九里に主力を上陸させる公算が大」と判断、同時に
助攻部隊を鹿島灘および相模湾に上陸させる、と分析し
たようだ。

　しかし、敵戦力は圧倒的であり、水際撃破することは不
可能に近い。九十九里の海岸は全長約66kmにおよぶが、
その大部分が砂浜であり、上陸適地となっている。なにし
ろ、フランスのノルマンディー海岸の60kmよりも長く、
それでいて断崖絶壁のような地形が少ないのだ。

　そこで、敵上陸地点の３カ所で遅滞行動しつつ頑強に
抵抗し、敵戦力を斬減疲弊させ、２個戦車師団の機動打撃
で撃破しようというのである。

　もちろん、敵の制空下にあるため、戦車も歩兵も砲兵
も、日中はトーチカや掩体壕に潜んで動かない。航空攻撃
による無用な損害を防ぐため、戦車は夜間機動するしか
ないのだ。

　さて、「三式中戦車（チヌ）」が米軍上陸部隊の戦車と交
戦する場合、戦闘の様相はどのようになるのだろうか？

　当時の陸戦は、すでに「諸兵科連合部隊」を構成して
戦うこととされ、戦車部隊が単独で交戦することはまず
ない。

　また、米軍は制空権および制海権をほぼ掌握したあと
に、部隊を上陸させるだろう。したがって、かならずしも
大規模な戦車戦が生起するとはかぎらないが、日米の戦
車が１対１で撃ち合ったとしたら、どのような結果となる
のか？

　陸自の目黒駐屯地内にある「防衛研究所戦史部（取材
当時、現在は市ヶ谷駐屯地）」所蔵の「對戦車戦闘ノ参考」
に記載された、「米軍M-4中戦車に対する75ミリ戦車砲で
の射撃部位」によれば、車体後面は2,000m、車体側面な
ら2,500mの遠距離から貫徹・撃破できるとしている（写
真3-15）。

　しかし、真正面から撃ち合いするとなれば、600mまで
接近しなくては、こちらが先に撃破されるだろう。M-4中

昭和20年の「決号作戦」における、本土決戦部隊配置図

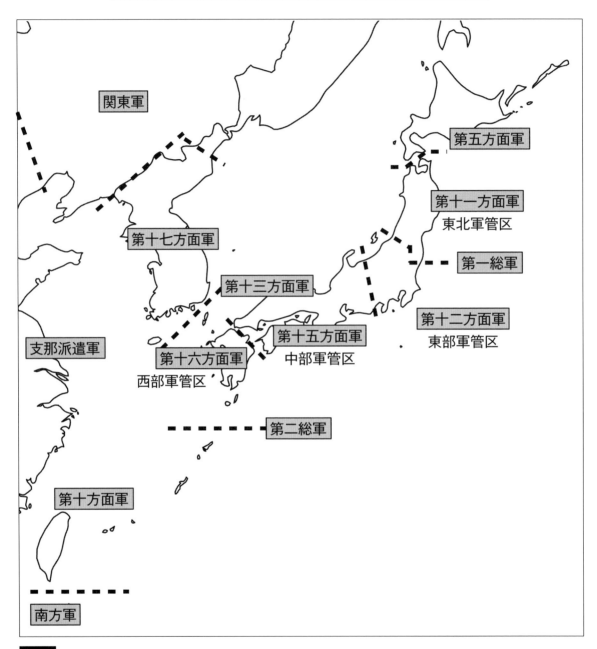

関東軍

第五方面軍

第十一方面軍
東北軍管区

第十七方面軍

第一総軍

第十三方面軍

第十二方面軍
東部軍管区

支那派遣軍

第十五方面軍
中部軍管区

第十六方面軍
西部軍管区

第二総軍

第十方面軍

南方軍

図3-2

戦車の車体前面なら、比較的装甲が薄い。だが、砲塔の全面は64〜76mm、防盾で88.9mmの厚さがあり、命中弾を与えても跳飛する可能性があるのだ（写真3-16）。

ただし、「三式中戦車（チヌ）」は、三式七糎半戦車砲Ⅱ型（口径75mm、38口径長、初速668m/秒）を搭載してい

る。一式中戦車が搭載する一式四十七粍戦車砲Ⅱ型よりも強力だ。このため、装甲防護力はともかく、火力面ではM-4中戦車に十分対抗可能であろう（図3-4）。

昭和20年（1945年）、大本営陸軍部は「国土決戦教令」を制定し、米軍など連合国軍の上陸に備え、いかにして日

第十二方面軍の作戦構想および配備図（昭和20年5月）

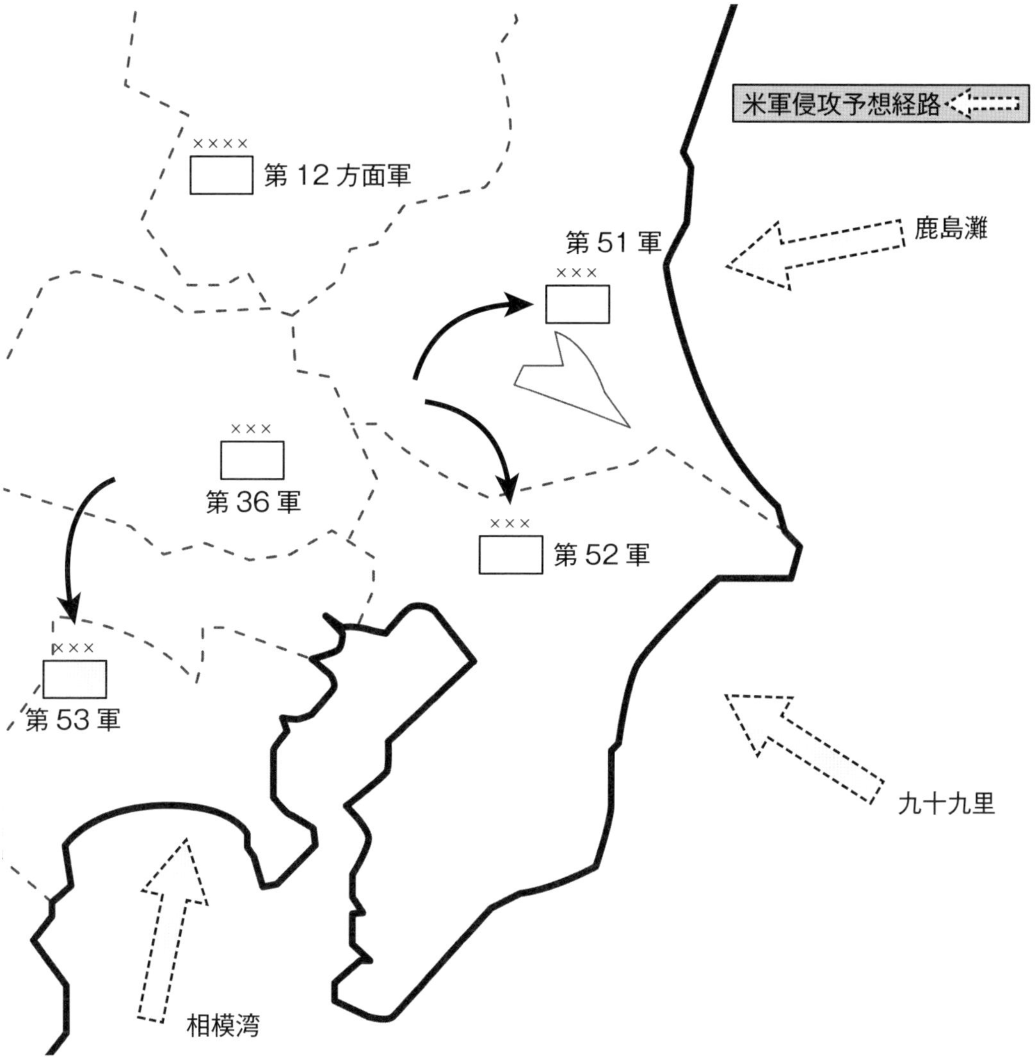

米軍侵攻予想経路

第12方面軍

第51軍

鹿島灘

第36軍

第52軍

第53軍

九十九里

相模湾

図3-3

本本土を防衛するかの指針を示した。同時に、「米軍戦法早わかり（米軍ノ上陸作戦）」なるマニュアルも印刷配布している（写真3-17）。

この「米軍戦法早わかり（米軍ノ上陸作戦）」を命名したのは、文系大学出身の掛川少尉だ。少尉は、多くの将兵に読んでもらえるように、軍隊の教範らしからぬやわらかなタイトルにしたのである。このほうが、「米軍戦法要覧」などのカタい題名よりも、余程親しみやすく、理解も容易になるであろう。

「米軍戦法早わかり（米軍ノ上陸作戦）」は、写真や図解が豊富であり、文字のみで句読点すらないほかの教範とは一線を画している。内容の記述についても、米軍より情報収集および分析能力に劣る日本にしては、ずいぶんと努力したようだ。

おもな内容としては、米軍の上陸作戦時における部隊編成、上陸用船艇の名称や諸元、上陸戦闘や水際戦闘、その他について記述してある（写真3-18、3-19）。名称や諸元の推定値に一部誤りがあるが、致命的なものではない。

そもそもこのマニュアルは、配布対象が各級指揮官に限定され、末端の兵士全員にはとても普及できなかっただろう。だが、それでも当時の日本にしては、非常に画期的なことだったのだ。

ところで、本稿執筆中も続いているロシア軍によるウクライナ侵攻だが、動員した予備役に交付する小銃すら不足し、遂に第二次大戦時のボルトアクション式小銃「モシンナガン」まで倉庫からだしてくる始末だ。

ウクライナの戦場では、パンター中戦車も目撃されているが、タネを明かせば映画用のプロップである。いくらなんでも、クビンカの戦車博物館からパンターの展示車輌を引っぱりだすわけはなく、せいぜいT-62戦車を投入するくらいが現実だ。

しかし、よくもまあ80年前の小銃を保管していたなと感心するが、当時の日本軍は博物館級の前装銃までかき集めている。だが、幕末ごろの先込め式ゲベール銃でも装備できればマシだろう。なんせ、終戦直前の我が急造師団には、銃が足りずに竹槍で武装した歩兵もいたのである。

もし米軍がダウンフォール作戦を発動したら、どのような結末を迎えていたであろうか。ダウンフォール作戦では、米軍を中心とする連合国軍は、日本全土の占領を企図していた。当時の日本は「1億総玉砕」と称して徹底抗戦するつもりであったが、連合国軍は日本が二度と復活できぬように壊滅させるつもりだったのだ。

米国のノーベル賞受賞者ウィリアム・ショックレーは、もし作戦が実施されていたら、米軍の死傷者を170～400万人と見積もり、日本人の死傷者を軍民合計で500～1,000万人と推定している。

ナチス・ドイツのホロコーストではないが、実際にはダウンフォール作戦が発動されていても、物理的に日本が壊滅するほど死人はでないだろう。だが、それでも国家としては、未曾有の大損害をこうむることは間違いない。

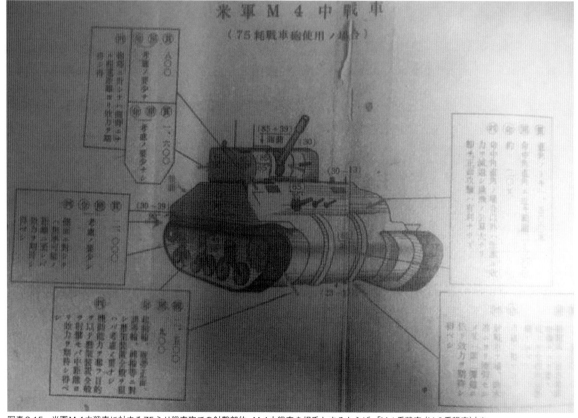

写真3-15　米軍M-4中戦車に対する75ミリ戦車砲での射撃部位。M-4中戦車を相手とするならば、「M-1重戦車（M-6重戦車）」や「歩兵戦車Mk.IVチャーチル」ほど苦戦せず、三式中戦車（チヌ）でも十分に戦えそうである（写真：防衛研究所戦史部）

写真3-16　米軍の「M‐4中戦車」。砲塔の全面装甲は64〜76mm、防盾で88.9mmの厚さがある

　ただし、100％完全に海上封鎖されたら、米軍が上陸作戦を実施せずに放置していたとしても、飢餓で日本人が数千万人死ぬだろう。対米戦の末期には、日本の周辺海域は米海軍の海上封鎖下にあった。だが、それでも100％の海上封鎖ではなかったし、現代のように偵察衛星も戦略偵察機もない時代のことである。

三式中戦車vsM-4シャーマン戦車の射距離による装甲貫徹力比較

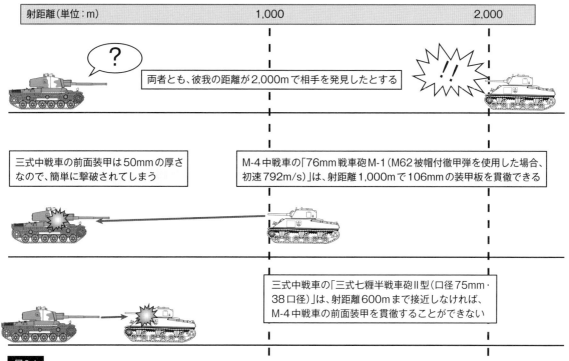

射距離（単位：m）　　　1,000　　　2,000

両者とも、彼我の距離が2,000mで相手を発見したとする

三式中戦車の前面装甲は50mmの厚さなので、簡単に撃破されてしまう

M-4中戦車の「76mm戦車砲M-1（M62被帽付徹甲弾を使用した場合、初速792m/s）」は、射距離1,000mで106mmの装甲板を貫徹できる

三式中戦車の「三式七糎半戦車砲II型（口径75mm・38口径）」は、射距離600mまで接近しなければ、M-4中戦車の前面装甲を貫徹することができない

図3-4

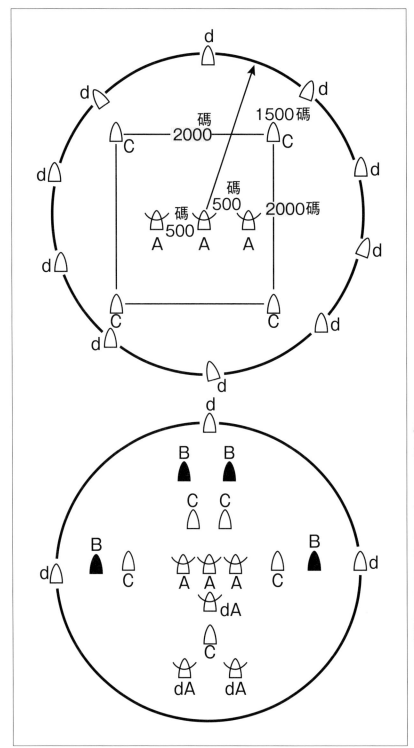

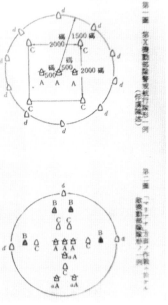

写真3-17 「敵軍戦法早わかり（米軍ノ上陸作戦）」における、米海軍機動部隊の隊形の一例を示した図。「碼」は、ヤードを漢字で表した単位
（写真：防衛研究所戦史部）

日本海軍の艦艇や商船は、米軍哨戒網の間隙をぬって航行することもできた。短距離の航海ならば、撃沈されずに日本各地へ入出港が可能だったのだ。また、海外からの商船も哨戒網を突破し、細々とではあるが、資源や食料品などの還送を行っていた。

しかし、100％完全に海上封鎖される状況になると、食糧確保のために日本人同士で殺し合いが起きる。そして、

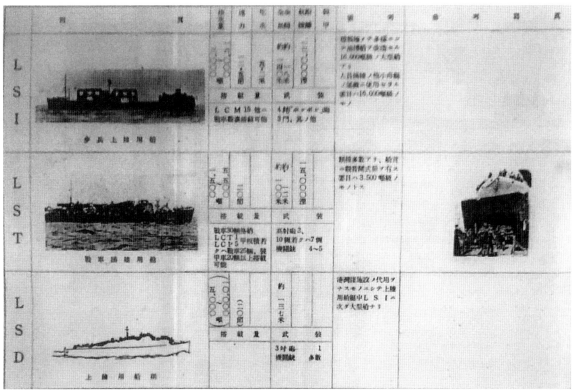

写真3-18　「敵軍戦法早わかり（米軍ノ上陸作戦）」の附表第二「米軍現用上陸用船艇ノ種類及要目表」における1ページ。
写真とともに、図表が多数掲載されている（写真：防衛研究所戦史部）

「ノルマンジー」上陸作戦ニ於ケル上陸順序ノ一例		
	間隔	上陸部隊
(X-Y)		空輸一聯
X　時		（歩兵二大）
X+7'	7'	（歩兵四中、戦車二中）
X+17'	10'	歩兵三中
X+30'	13'	工兵二中
X+50'	20'	工兵二中、歩兵一中
X+1ʰ15'	25'	高射機関銃一小「ロケツト」砲二中
X+1ʰ25'	10'	歩兵四中
X+2ʰ25'	1ʰ00'	「ロケツト」砲二中、高射機関銃一小
X+3ʰ30'	1ʰ05'	戦車三分ノ一中、装甲砲兵(105mm自走榴弾砲)二中
X+4ʰ40'	10'	歩兵二大
X+4ʰ00'	20'	師団司令部、砲兵(105mm自走榴弾砲)一中
X+4ʰ10'	10'	歩兵一聯(一大缺)
X+4ʰ20'	10'	歩兵一大、空輸歩兵一大
X+4ʰ40'	20'	機械化捜索一中、戦車一中、高射機関銃一中
X+5ʰ00'	20'	對戦車砲一中、歩兵砲一中
X+5ʰ20'	26'	戦車三中
X+6ʰ00'		
X+18ʰ00'		對戦車砲及歩兵砲ノ一部
X+30ʰ00'		補給部隊、軍及軍団直轄部隊
備考	1、空輸一獵隊ハ第一波上陸数時間前ニ降下セシメントノ判断ス 2、上記諸部隊ヲ含メ上陸第一日ニ該地区ニ上陸セル部隊夫ノ如シ 　歩兵一聯隊及二大隊、戦車二大隊(内一大ハ師団配属？) 　機械化捜索一中隊、装甲砲兵一大隊、砲兵(155mm加農)、「ロケツト」砲兵四大隊 　觀測一中隊、「上陸工兵一獵隊」、独立工兵四大隊、高射砲四大隊、気象一中隊 3、（ ）ヲ附セルハ「指定ヲ「　」ヲ附セルハ期間アルモノヲ示ス

写真3-19　「敵軍戦法早わかり（米軍ノ上陸作戦）」の「ノルマンジー上陸作戦ニ於ケル上陸順序ノ一例」を記載したページ（写真：防衛研究所戦史部）

写真3-20　1945年8月9日、長崎に投下された原子爆弾により生じたキノコ雲

新兵器の原子爆弾や生物・化学兵器の使用も厭わず、日本列島周辺を機雷で完全に海上封鎖し、B-29で無制限に人間を爆撃したら、生き延びた日本人もすべて死んでしまうのだ（写真3-20）。

（三）単車戦術および部隊戦術

　単車戦術とは、戦車の基本的な各個戦術のことである。操縦要領や、偵察および視察の要領、照準および射撃といったテクニックがそうだ。これは三式中戦車（チヌ）だけでなく、ほかの戦車にも共通するもので、「戦車・装甲車操縦教範」に明文化されていた。

▌始動および操縦

　まずは、乗車要領を省略して、エンジン始動である。操縦手は戦車のエンジンを始動前に、車内の諸装置を点検、異常がなければ車長に報告する。そして、燃料および滑油（＝潤滑油の略、オイルのこと）の各「活嘴（コック）」を開く。

　「變速槓桿（シフト・レバー）」が中立（ニュートラル）であることを確認後、「電動機切替開閉器」のスイッチを所望の位置にする。電動機は、エンジン始動用のセル・モーターとなり、左右合計2基ある。通常は2基とも使用するので、スイッチを「M1」と「M2」の中間位置にする。

　次いで鍵を差して「主囘路開閉器（メイン・スイッチ）」を「ON」にするが、日本語で「入」や「切」ではなく、英語で「ON」「OFF」の表示となっているのが面白い。そして「電路開閉器」のスイッチを通常は「2」にし、前照灯や尾灯をつける際は「0」か「1」にする。

　こうして、車長の合図で「始動（スターター）釦（ボタン）」を押し、エンジンをかける。エンジンをかけたなら、噴射踐板（アクセル・ペダル）を適宜、右足で踏み込んでいく。ちなみに、日本陸軍ではクラッチ・ペダルを「聯動踐板」といい、ブレーキ・ペダルが「制動踐板」、パーキング・ブレーキを「制動駐止機」と呼ぶ。

発進は、通常であれば前進を意味し、いきなり後退することはまずない。操縦手は、車長の合図で變速槓桿を「第一速度」にし、ブレーキ・ペダルを離してクラッチをつなぎ、ゆっくりと発進する。

今どき、自家用車はもちろん、自衛隊の戦車を含む官用車も、ほとんどがAT車という時代だ。操作手順を文字にすると長いものだが、操作は一瞬といってよい。しかし、マニュアル車を運転した経験がない若い読者には、上記の手順も長く感じられるだろう。

次は、操縦についてである。戦車も装輪車であるトラックも、地形に応じた操縦を行うわけだが、当時の中国大陸で特有な「クリーク」と呼ばれる水路は、通過が困難または不可能であった。支那兵は、しばしばクリークに陣地構築して、縦深のある対戦車壕も構築するなど、戦車部隊を悩ませた。

また、操縦や射撃時における車内での意思疎通だが、当時の日本陸軍には車内通話に必要な送受器、すなわちマイクもレシーバーもなかった。もちろん、ドイツ軍が使用した咽喉マイクもない。

日本陸軍の九七式中戦車以降には、車載無線機が装備されていた。当時の無線機といえば、電鍵を叩いてモールス符号を送信するイメージをもつ人も多いようだ。しか

し、送受器を使用して音声通信を行うことは、当時の日本でも可能だった（写真3-21）。

このため、戦車乗員のうちで無線手だけであるが、咽喉マイクを装備していた。ただし、当時の無線機には車内通話の機能はない。あくまで、戦車中隊以下における、各車両間での通信用だ。

ドイツ軍のように、戦車乗員の全員が咽喉マイクを装備し、容易に意思疎通できる環境は、夢にも等しかった（写真3-22）。そこで、日本陸軍はどうしたか？　教範には、次のように記述してある。

●前進　　　操縦手ノ背ヲ押ス
●停止　　　操縦手ノ肩ヲ叩ク

このように、車長が操縦手の背中を足で押したり、肩を叩いたりして、前進や停止の指示をしたのだ。では、戦車砲などの射撃はどのように指示していたかというと、おおむね想像はできるだろう。

●射撃開始　　射手ノ背ヲ押ス
●射撃中止　　射手ノ肩ヲ叩ク

といったように、平時の訓練において簡単な約束動作を決めておき、それにもとづいて何度も反復演練したの

写真3-21 「九七式中戦車」の無線手（兼、前方銃手）と九六式四号戊無線機。無線手は、右手で電鍵を叩き、首に咽喉送話器（咽頭マイク）をベルトで巻きつけている。中央奥は、九七式車載重機関銃

である。当時の車長は、新兵の操縦手が自分の戦車に配置されると、新兵が兵舎の廊下を歩いているときに背後へ回り、彼の肩をポンポン叩いていったそうだ。「おい貴様、吾輩が今のように肩を叩いたら、すぐに戦車を停止させるのだぞ」と。

とある新兵の操縦手は、なにかミスをおかしてビンタを食らうとでも思ったのだろう。背後から肩を叩かれたときに、思わずビクッと反応したそうである。だが、理不尽なビンタをするのは、新兵教育隊だけである。一般部隊の古参兵および下士官そして将校は、兵が余程のヘマをしないかぎり、ビンタなどしない。

これと比較すれば、外国軍の車長は少々乱暴だった。たとえば、ソ連軍がそうである。車長が操縦手や砲手の背中などを叩く程度ではなく、苦痛で呻き声がでるほど鋭く蹴っていたほどだ。戦車に乗車するたびに強く蹴られたのでは、部下の戦車兵もたまったものではない。ソ連軍には女性の戦車兵もいたが、彼女たちも蹴られていたのだろうか？（写真3-23）

このように、戦間期ごろの他国軍でも車内通話装置がなかったので、こうした原始的な方法により意思疎通を行っていた。しかし、日本陸軍の戦車には車内通話装置が装備されないまま、終戦まで戦い続けなくてはならなかったのである。

▌偵察および視察

次に、偵察および視察について述べる。戦車部隊が作戦行動するに際して、あらかじめ捜索隊などの関係する部隊と情報を共有しておく。しかし、無人偵察機も部隊間

のネットワーク通信も存在しない時代のこと、敵情の解明も容易ではない。

現代ならば、ほぼリアルタイムで最新情報を得られるが、基本的に偵察は各部隊がみずから実施するものだ。日本陸軍にも、捜索隊という偵察専門部隊があり、得られた情報は上級部隊から各々の末端部隊へもたらされた。だが、末端の戦車部隊もみずから偵察を行う必要がある。

戦車の偵察方法は、「乗車偵察」と「下車偵察」に大別される。前者は、攻撃前進時だけでなく、機動防御や陣地防御、あるいは伏撃の際にも行う。後者は主として攻撃前進の際、前進経路上の要点において、車長のみが下車して行う。

だが偵察の結果、敵を発見してもすぐに射撃できないことも多い。地形の制約や障害物の有無、射線上に友軍が存在するなどの要素が関係するからだ。このため、さらに接近して視察を行う。

偵察は、敵部隊の規模・配備・動向などから企図を看破するが、視察はおもに射撃に必要な諸元（距離や方向など）を得るために行う、といってよい。現代では、レーザー測距機などハイテク機材があるが、当時はそうしたものはなかった。敵との距離や方向など、射撃に必要なデータなくしては、撃っても目標に命中しないのだ。

敵との距離や方向は、乗車偵察時および視察時であれば、戦車に装備されている照準眼鏡で判定する。下車偵察時には、手持ちの双眼鏡を用いるが、現在地を確認する際は方位磁針（コンパス）と軍用地形図を使う（写真3-24）。

写真3-22 咽喉マイクの装着例。咽喉マイクといえば、第二次世界大戦時のドイツ軍戦車兵が多用しているイメージがあるが、実際には各国でも使用されている

写真3-23 ソ連軍の女性戦車兵。他国軍では、女性兵士の役割は補助的な任務に限定されていたが、ソ連軍では戦闘兵科にも投入している

こうした事実は、軍事マニア諸氏には「言わずもがな」であり、常識だろう。だが、読者のなかには戦車の名称をいくつか知っているという程度の初心者マニアも存在するので、念のために記しておく。

また、軍隊では目標の概略方向を示すとき、アナログ時計の文字盤で「2時の方向」などと表す。現代のように携帯型のGPSもレーザー距離計も存在しない時代、コンパスは高価だったが、軍用地形図と併用して方位や距離などを求めていたのである。

照準と射撃

日本陸軍だけでなく、各国軍の戦車には光学式の照準器が搭載されており、これを用いて目標を照準した。図3-5のように、覗くと鏡内目盛（レティクル）と数字が見えるが、目盛などは国により若干の相違がある。たとえば、ソ連軍の照準眼鏡では水平・垂直の各目盛が複雑に感じる。これに対して、米軍の照準眼鏡はシンプルだ（図3-6）。ドイツ軍の照準眼鏡は凝っていて、目盛ではなく三角形が並んでいる（図3-7）。

これらの照準眼鏡は、目盛や三角形の単位に「ミル」を用いて表す。ここで、ミルという単位について、少々述べておこう。ミルとは軍隊特有の角度を表す単位で、1,000m先にある幅1mの物を見るときの角度である。

我々が日常生活で使う角度の単位は「度＝°」で、円周を360度として表す。これに対してミルは、円周を6,400分割したものである。ちなみにこの数値、厳密にいえば6,283分割になるのだが、軍隊で取り扱う数値としては、キリよく6,400分割として扱う。つまり、1ミルは0.0573度になるわけだ。

このミルを、日本陸軍では「密位」と称した。ちなみにドイツ軍では「シュトリヒ」と呼ぶ。車長や砲手は照準眼鏡を覗き、鏡内目盛を基準に「敵戦車、1時の方向、2本松の右2密位！」などと号令したり、報告したりするのだ。ただし、密位と書いてミルと読んでいたかは定かでない。戦記にも、そうした記述がないからだ。

この際、ミル公式を用いて、敵戦車との距離を判定できる。たとえば、我に側面を向けた米軍M-4中戦車を発見したとしよう。この戦車の幅が照準眼鏡の目盛りで「4ミル（日本陸軍では、4密位）」だったとき、車体長を約6mとすれば、6÷4＝1.5となるので、距離は1,500mであることがわかる（図3-8）。

射撃にあたっては、静止目標と動目標で照準要領も異なるものだ。それは、初心者の戦車マニア諸氏にも、だいたい想像がつくだろう。たとえば、我に側面を向けて停止中の敵戦車を発見したとする。このときは、単純に敵戦車の中心を狙って射撃すれば、たいていは命中するものだ。

写真3-24　軍用コンパスの例。陸自駐屯地のPX（隊内売店）で販売されている「磁石、レンズつき」（写真：あかぎ ひろゆき）

一式四十七粍戦車砲照準眼鏡の鏡内目盛（イメージ）

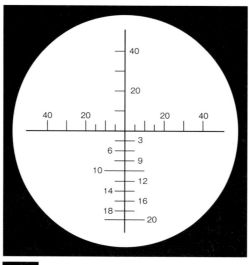

図3-5

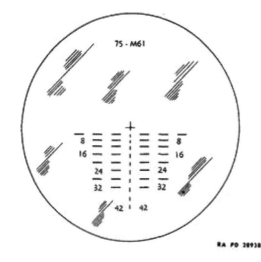

Figure 202—Reticle Pattern of Telescope M70F

米軍のM-4A3中戦車が装備する、M70F照準眼鏡のレティクル
（図版：米陸軍技術教範より）

図3-6

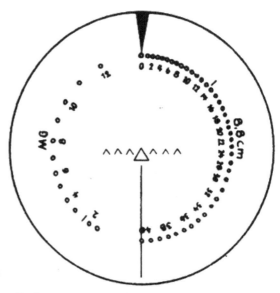

The Tiger I gunner's reticule of the Zeiss Turmzeilfernrohr 9b optics.

ドイツ軍のティーガーⅠ重戦車が装備する、TZF9b照準眼鏡の
レティクル（図版：米陸軍技術教範より）

図3-7

　もちろん、弾道学上は目標までの風向・風速や、地形の起伏、射距離などの要素を考慮しなくてはならないが、基本的には敵戦車の中心を狙えばよい。しかし、横行する敵戦車を射撃する場合、中心を狙ったのでは、目標の後方に弾着してしまう。

　このため、図のように、目標のやや前方を照準して戦車砲を撃つ。これを「偏差射撃」という。偏差射撃においては、タマが到達するまでに目標が移動する距離（未来修正量）を勘案し、戦車砲を撃てばよいのだ（図3-9）。

ミル公式による、距離の判定（例）

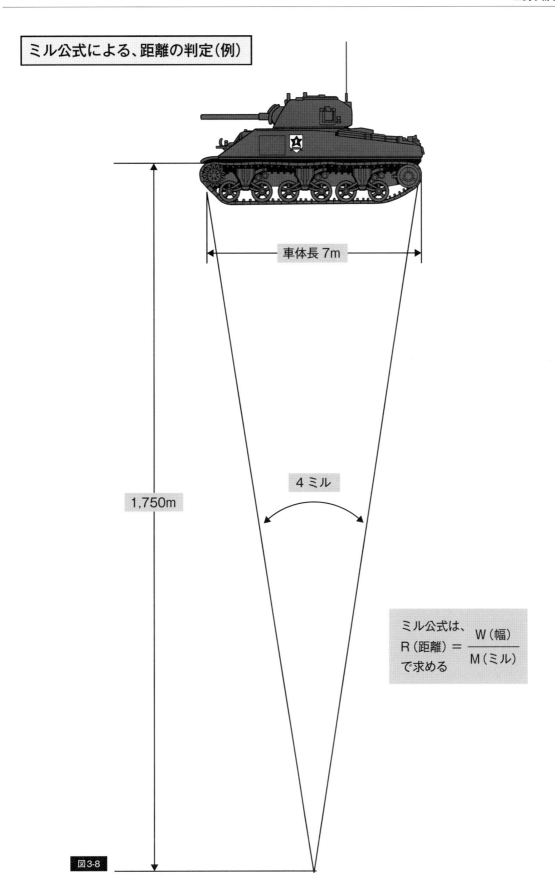

車体長 7m

4 ミル

1,750m

ミル公式は、
R（距離）＝ $\dfrac{W（幅）}{M（ミル）}$
で求める

図3-8

偏差射弾の要領

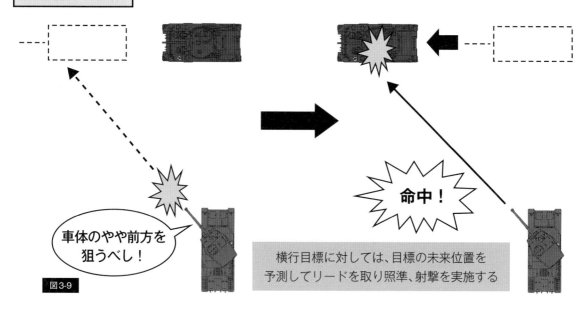

車体のやや前方を狙うべし！

図3-9

命中！

横行目標に対しては、目標の未来位置を予測してリードを取り照準、射撃を実施する

小隊の戦闘隊形

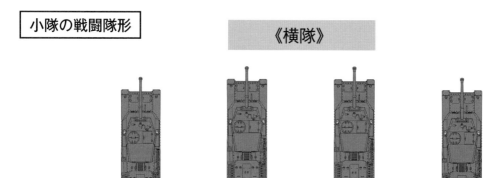

《横隊》

※筆者注：本図はあくまでイメージであり、実際における各車の間隔はもっと長大である

《傘形隊形》

図3-10

※筆者注：本図はあくまでイメージであり、実際における各車の間隔はもっと長大である

戦車小隊の射撃要領（1）－火力の配分と射法

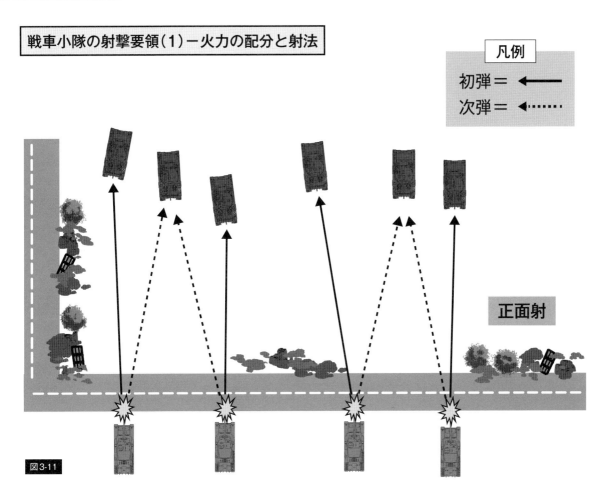

凡例

初弾 = ←

次弾 = ◄·······

正面射

図3-11

（四）部隊戦術 ～行軍隊形と戦闘隊形

　戦車部隊は、中隊が基本戦術単位であり、最小戦術単位が小隊である。日本陸軍の場合、時代や部隊規模により、中隊および小隊の戦車定数がしばしば変動している。このため、本項では単純に小隊が3輌、中隊は3個小隊プラス、指揮官車である中隊長車1輌を加えた10輌として述べてみよう。

　通常、軍隊が行軍するときは、中隊ごとに梯隊を組んで道路を走行する。戦車部隊も同様であり、戦車聯隊の場合なら、警戒を担当する「前衛中隊」を先頭に、中隊番号の若い順もしくは「建制順」に縦隊で行軍する。

　建制順とは、部隊の序列を意味し、平時と戦時で異なるが、実戦下では「戦闘序列（作戦計画で示される部隊配置および隷属関係）」に従う。こうして、空地の敵を警戒

しつつ、車輌縦隊を構成して戦車部隊は行軍する。

　2022年に生起した「ロシアによるウクライナ侵攻」では、道路上におびただしいロシア軍の戦車が渋滞する様子が、しばしば映像に捉えられた。これでは、空地の敵からすれば、格好の標的となってしまう。それは、素人にもわかるだろう。

　まともな国の軍隊なら、行軍時に渋滞しないように、綿密な行軍計画を立案する。迂回経路の設定や燃料・糧食などの補給、故障・落伍した車輌の処置など、常に最悪事態を想定するものだ。

　事前見積もりが非常に甘く、行き当たりばったりの感がある現代のロシア軍だが、それに加えて練度も士気も

戦車小隊の射撃要領（2）－火力の配分と射法

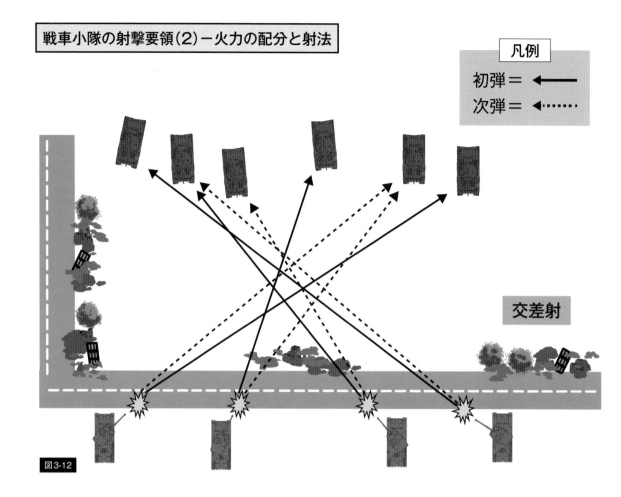

凡例

初弾＝

次弾＝

交差射

図3-12

低い。規律は目茶苦茶だ。その上に装備も不十分となれば、格下のウクライナ軍に大苦戦するのも当然である。

　さて、こうして戦場までの行軍後に戦闘加入するのだが、この時に各部隊は戦闘隊形をとる（図3-10）。通常は部隊を横隊に展開させるが、日本陸軍では展開といわずに「散開」と呼ぶ。号令は「散開セヨ」ではなく「散（チ）レ」と至ってシンプルだ。

　戦車部隊の戦闘隊形としては、横隊のほかに「菱形」や「千鳥形」などさまざまなものがある。これらの隊形は、地形の状況や敵の配備状況により、適宜変換しなくてはならない。

戦車の射法

　部隊戦術における戦車の射法には、「正面射」や「交差射」など、さまざまなものがある。正面射はもっとも基本

的な射撃要領で、単純に自己の正面に位置する目標を狙って撃つ（図3-11）。一方で交差射は、図のように各車の射線が交差するように射撃を行う（図3-12）。

　しかし、正面射を行う場合、米軍の軽戦車を目標とするならまだしも、M-4中戦車を相手とするには、数百mの近距離まで接近する必要があった。もし接近中に撃たれたら、我が先に撃破されることは、いうまでもない。

　このため、我が日本の戦車は、遮蔽物に隠れながら、適切な射点に移動しつつ、射撃しなくてはならなかったのだ。この点、交差射は敵戦車の装甲が比較的薄い側面を狙い、射撃することができる。

　さらに、敵戦車の背後に回り込むことができれば、M-4中戦車も撃破できた。だが、実際は背後を取るのも容易ではなく、逆に撃破の憂き目に遭うことが多かったのである。

写真3-25　第二次世界大戦時、イタリア軍で最有力な「P40重戦車」

　ちなみに、現代のロシア連邦軍における戦車戦術だが、回転木馬のようにグルグルと機動しながら射撃を行う戦闘「回転機動射撃（または、循環型機動射撃とも呼ぶ＝英語でTank（タンク）Carousel（カルーセル）、ロシア語（キリル文字）でТанковая карусельと表記）」を重視している。

　ところが、今回の「ロシア軍によるウクライナ侵攻」では、これが効果的に機能していないという。この方法は、旧ソ連時代からロシア軍を範とするシリア軍も採用している。しかも、類似の戦術は第二次世界大戦時から存在し、それを現代戦術に適合するよう改良しただけのものなのだ。

日本とイタリア、戦車の強弱

　イタリア軍は軍事全般に関して「弱い」といわれるが、では当時イタリア最有力の「P40重戦車」（写真3-25）と、我が日本の戦車（たとえば、ほぼ同スペックの三式中戦車）はどちらが強いのか？　と気になる読者も多いだろう。特に、イマドキの若い方は、武器・兵器を強弱で比較したがる傾向にあるようだ。

　しかし結論からいえば、軍隊組織や武器・兵器個々の強弱を論ずるのは、あまり意味がない。戦争は「実際に戦ってみなければ、勝敗はわからない」のが現実だからである。それは、本稿執筆中の現在も続く、「ロシア軍によるウクライナ侵攻」を見ても明らかだ。一体誰が、ロシア軍の大苦戦と、ウクライナ軍の善戦を予想できただろうか？

　そもそも、日本とイタリアでは地政学的特性や仮想敵国、想定する戦場も異なるため、両者は戦車の設計思想からして違うのだ。両者の類似点は、貧乏な一等国故の制約で、米国やドイツから「なんだ、この程度か？」と馬鹿にされる戦車しか作れなかったことにある。だが、それでも強弱を比較するとしたら、果たしてどうなるか？

　火力・装甲防御力・機動力の三要素だけに限定しても、P40と三式中戦車はおおむね拮抗しているといってよい。したがって、勝負つかずに「引き分け」となるだろう。

Column 取材レポート
陸上自衛隊土浦駐屯地における、チヌの現状

日本には戦車博物館どころか、軍事博物館すら存在しない。だが、諸外国の戦車博物館に相当する施設はある。それが、陸上自衛隊の土浦駐屯地に所在する「武器学校」だ。

土浦駐屯地の一角には、各種戦闘車輌の展示スペースがあり、事前に申し込みさえすれば、誰でも見学や取材ができる。諸外国の戦車博物館とは異なり、屋内保管されていないが、スクラップされずに保存されているだけマシだろう。

それよりも嘆かわしいのは、諸外国の軍事博物館と比較し、規模が小さすぎることだ。特に欧米の軍事博物館は、日本人の想像を絶する広さがある。ここはひとつ、「NPO法人 防衛技術博物館を創る会（代表：小林雅彦氏）」にがんばってもらおう（コラム3-1）。

小林氏は、数年後の博物館オープンに向け、九五式軽戦車の里帰りを計画中だ。ブツは入手できたが、日本への輸送費が予想よりも超過したので、クラウド・ファンディングで不足分の費用を募り多くの支援を得た。マニア諸氏からすれば、防衛技術博物館の一日も早い実現が待たれるというものだ。

コラム3-1　NPO法人「防衛技術博物館を創る会」の連絡事務所。現在は閉鎖中との事だが、かつて総火演の当日は、多くのマニアが集う憩いの場でもあった

コラム3-2　武器学校が所在する、土浦駐屯地を遠景に望む

コラム3-3　土浦駐屯地（武器学校）へのアクセスマップ。誤って、霞ヶ浦駐屯地に行く人も少なくない（図版：武器学校公式ホームページより）

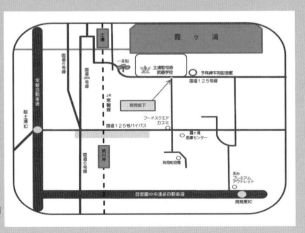

　ちなみに、土浦駐屯地は霞ケ浦の湖畔に位置し、住所は茨城県の阿見町となっている（コラム3-2）。一方、筆者が最後に勤務した霞ケ浦駐屯地は、地図上では土浦市に所在している。

　霞ケ浦に近く、阿見町に所在する駐屯地の名称が「土浦駐屯地」で、霞ケ浦から離れた場所にあって住所が土浦市の駐屯地が「霞ケ浦駐屯地」というのはいかにも変だ。このため、駐屯地を訪問する見学目的の部外者が、各々の駐屯地に誤ってやってくることもある。

　今さら駐屯地の名称変更は不可能だろうが、これが原因で駐屯地の創立記念行事など、一般開放のイベント時に間違えて来訪する人も多い。事前にインターネットで調べもせずに、「行き当たりばったり」の無計画でやってくる人々がそうだ。

　だから、武器学校や予科練記念館を見学したくて、はるばる遠方からやってくるマニア諸氏からすれば、間違いに気づいたときの「ガッカリ感」は大きいだろう。なにしろ、両駐屯地は約5km離れているので、マイカーでの来場ならともかく、旅客機や電車を乗り継いできた人は大変である。当地は田舎なので、バスやタクシーがなかなかこないからだ（コラム3-3）。

　さて筆者の自宅からほど近い、土浦駐屯地である。東京やほかの地域に在住する戦車マニア諸氏からすれば、さぞかし筆者が羨ましいだろう。その気になれば、ひんぱんに戦車や銃砲を見学したり、ほかの装備品を取材したりも可能なのだが、予備自衛官としての招集訓練以外、そうそう用事があるものではない。

　今回、数年ぶりに取材撮影するため、土浦駐屯地を訪れたのだが、屋外展示されている各車輌は「お色直し」されていた。令和4年（2022年）の8月下旬から9月上旬にかけて、錆落としおよび防錆処置のうえで全塗装が行われたのだ（コラム3-4、コラム3-5）。三式中戦車と八九式中戦車も例外ではなく、塗装の前後における写真からもわかるように、大変キレイになっている（コラム3-6）。

　その一方で、車内の状態は決して良好ではない。筆者は車内の撮影を希望したのだが、劣化が進行しており、メンテナンス上の理由で断られたほどである。このため、車内の写真は何年も前に公開されたものを掲載した。

　陸自武器学校に現存する「三式中戦車」と「八九式中戦車」については、巻頭カラーとしてミニ写真集を設けてあるので、参照されたい。

コラム3-4　塗装前の「三式中戦車」（手前）と「八九式中戦車」（奥）（写真：陸上自衛隊）

コラム3-5　錆落とし及び防錆塗装中の「三式中戦車」（手前）と、「八九式中戦車」（奥）（写真：陸上自衛隊）

コラム3-6　塗装後の「三式中戦車」（手前）と、「八九式中戦車」（奥）（写真：陸上自衛隊）

四式中戦車
（チト）

写真4-1 四式中戦車
（チト）。試作車2輌の
みの製造に終わり、量
産には至らなかった

日本陸軍戦車理解・其ノ肆
四式中戦車（チト）

米軍の「M-4中戦車」に対抗可能な火力をもちながらも、
試作のみに終わった「四式中戦車（チト）」。
では、もし本車が一定数を量産され、本土に上陸してきた米軍と交戦したら、
どのような結果となるか検証する。

（一）四式中戦車（チト）の概要

開発の背景

　「四式中戦車（チト）」の開発は、陸軍兵器行政本部が昭和17年9月、新型中戦車の新規開発計画に始まる。本計画は、新型中戦車（甲）および新型中戦車（乙）の2案からなるもので、前者がのちに四式中戦車（チト）として、後者は五式中戦車（チリ）へ発達していく。

　当初、新型中戦車（甲）は47mm戦車砲を搭載し、最大装甲厚50mmで最大速度が時速約40km、重量は約20トンというものであった。この要求仕様は昭和16年度研究計画によるもので、翌年には試製双連四十七粍戦車砲を搭載するとされた。

　この双連という名称からすれば、47mm戦車砲を2門、

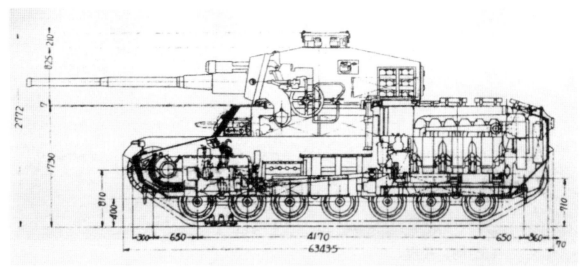

写真4-2　四式中戦車（量産型）の縦断面を図示したもの。本図面は三菱重工に現存するといわれる貴重な1枚で、
戦車砲・エンジン・転輪などのレイアウトがよくわかる。本車の最大装甲厚は、従来比50%増であった

連装で搭載するかのように思う読者もいるだろう。だが、そうではない。ここでいう双連とは、「一式四十七粍戦車砲」に「九七式車載重機関銃」を組み合わせたものを指す。つまり、「47mm戦車砲＋7.7mm同軸機関銃＝試製双連四十七粍戦車砲」というわけだ。

ちなみに、同軸機関銃（同軸機銃）の「同軸」とは、戦車砲の砲腔軸と同一に固定装備されていることを示す。また、双連という呼称は日本陸軍用語であり、現代の陸自では「連装銃」と呼ぶ。ところが、これをご存じない陸自の戦車乗員や幹部が存在するようだ。

同軸機銃という語句は、民間（軍事評論界）における軍事用語であり、自衛隊では部内の技術図書（防衛省規格など）以外になじみがないから、無理もなかろう。そして、機銃という呼称は海軍用語だが、軍事評論界では陸戦を語るときにも用いる。

これらの用語は教範や整備実施規定、あるいは補給カタログや仕様書など、防衛省及び陸自の公的な行政文書に用いられている極めてスタンダードなものだ。だから、件の戦車乗員や幹部が知らないわけがない。

さて、昭和18年7月になって、研究方針の改定により57mm戦車砲が搭載されることになる。この新型中戦車（甲）こそが試製チト1号車、すなわち四式中戦車（チト）だった（写真4-1）。

57mm戦車砲といっても、九七式中戦車が搭載していた九七式五粍七戦車砲ではなく、新規開発によるものである。これを「試製五粍七戦車砲㊟」と称した。だが、開発が開始されてから、諸外国の戦車と比較して火力不足であるとして、さらに長砲身で大口径の75mm戦車砲を搭載することになった。

装甲防護力も同様で、車体前面の最大装甲厚は50mmから75mmへと変更されている。当時のドイツ軍やソ連軍などの重戦車は、車体前面の最大装甲厚が100mmはあった。

それと比較すれば、この75mmという数値は少々頼りない。だが、装甲防御力が従来比で50%アップしたのは、日本の戦車としては、がんばったといえるだろう（写真4-2）。本車の装甲防護力が仮想的とする外国戦車よりも劣っていることは、陸軍も承知していた。

したがって、こうした敵よりも不利な点は、練度や戦術上の工夫で補うことにしたのである。ただし、初弾必中を前提としているから、射撃の結果外したり、反撃されたりすれば、我が撃破される可能性は高い。

車体構造および機能

四式中戦車の車体は全面溶接であるが、砲塔は試製1号車と同・2号車では異なっている。前者の砲塔が溶接構造だったのに対し、後者は分割構造で鋳造部品が用いら

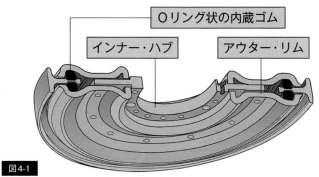

図4-1　ティーガー重戦車のゴム内蔵式鋼製転輪カットモデル。図のように、Oリング形状をした
衝撃緩衝用ゴム（破線部分）を挟み込む方式の転輪である

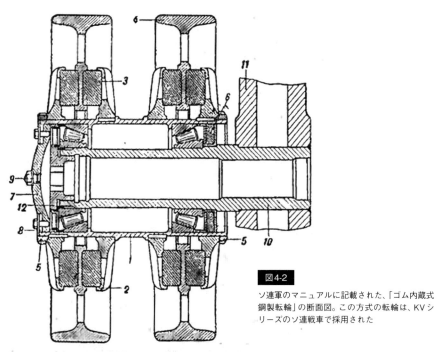

Рис. 88. Опорный каток (разрез):

1 — ступица; 2 — диск; 3 — резиновый амортизатор; 4 —
обод; 5 — гайка; 6 — сальник; 7 — колпак; 8 — пружинное
кольцо; 9 — пробка отверстия для смазки; 10 — ось катка;
11 — балансир.

図4-2
ソ連軍のマニュアルに記載された、「ゴム内蔵式
鋼製転輪」の断面図。この方式の転輪は、KVシ
リーズのソ連戦車で採用された

れていた。しかし、米軍のM-4中戦車など諸外国軍の戦車では、一体型の鋳造砲塔が採用されていた。

　両者を比較すれば、一体型鋳造砲塔のほうが装甲防護上で有利だし、製造工程簡略化の点でも優れているといえるだろう。当時の日本は、冶金工学の面でも米・独・露に遅れており、戦車などの戦闘車輌のみならず、榴弾砲などの火砲も世界水準ではなかったのだ。

　また、転輪のリム部分には衝撃緩衝および部材摩耗軽減を目的にゴムが挟み込まれているが、これが走行時に脱落して破損することも多かった。諸外国の戦車、たとえばドイツ軍のVI号戦車ティーガーでも、転輪ゴムの脱落や破損はしばしば起きている。

　当時、戦車の転輪以外にも、車輌のタイヤなど軍民問わず使用されていたゴムだが、天然ゴムは貴重な戦略物資の最たるものだった。また、合成ゴムもすでに存在していたが、一等国の中で一番貧乏な日本では、とても大量生産できるものではない。

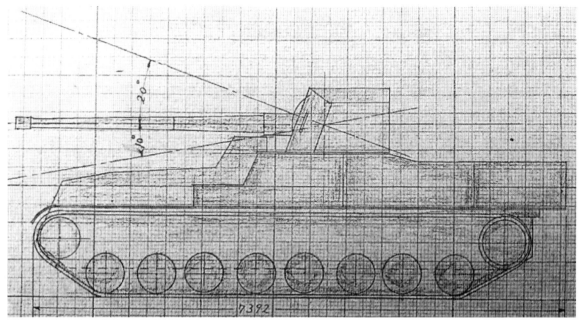

写真4-3　昭和18年に起案された、「試製十糎対戦車自走砲（カト）」の側面図

写真4-4　「試製七糎半対戦車自走砲 ナト」

そこでドイツ軍は、ゴムの使用量を節約する目的で、ゴム内蔵式の鋼製転輪を戦車に採用した（図4-1）。この方式は、ドイツに模倣されたKVシリーズのソ連戦車が先であり、図のようにO（オー）リング状のゴムを内蔵している（図4-2）。

これに対し日本では、外周部分にゴムを装着する、オーソドックスな構造のゴム外装式転輪を採用していた。ドイツ軍やソ連軍では、その後、まったくゴムを用いない全鋼製転輪まで登場しているほどだ。しかし、いくらゴムが貴重だからとはいえ、転輪に内蔵すらしないのはいかがなものか。

鋼製転輪にゴムを内蔵するのは無意味だという人もいる。だが、ドイツ軍やソ連軍のゴム内蔵式転輪は、ゴムによる緩衝、衝撃吸収の効果がある。しかも、ゴムが節約で

きるのだから、決して無意味ではない。なぜなら、戦車にとって転輪のゴムは、自動車でいえばソリッド式ゴムタイヤ（空気入りでない、ゴムだけの硬いタイヤ）に相当するからだ。

生産と部隊配備、派生型

結局のところ、本車は2輛の試作車のみを製造するにとどまった。戦局の悪化にともない、大量の鋼材を使用する新造艦艇の就役はもちろん、内地へ戦略物資の資源を還送する商船も建造が困難となっていく。

となれば、1機でも多く軍用機、それも迎撃戦闘機を作りたいと日本の陸海軍は考えた。このため、優先順位が低い戦車などの戦闘車輌は、遅々として量産が進まなかったのだ。

写真4-5 「四式中戦車」の搭載火砲となる、「試製七糎半戦車砲（長）I型」。装弾機がついており、半自動装填式であった

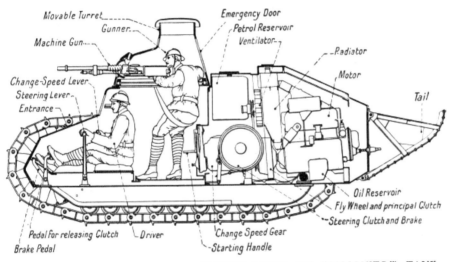

Movable Turret

Gunner

Machine Gun

Change-Speed Lever
Steering Lever
Entrance

Pedal for releasing Clutch
Brake Pedal

Driver

Change Speed Gear

Starting Handle

Emergency Door
Petrol Reservoir
Ventilator

Radiator

Motor

Tail

Oil Reservoir
Fly Wheel and principal Clutch
Steering Clutch and Brake

DIAGRAMMATIC SECTION OF A FRENCH LIGHT (OR "MOSQUITO") TANK.

写真4-6 フランス軍「ルノーFT軽戦車」の断面図。砲塔の旋回は手動式で、射手を兼務した車長が砲架を担ぎ、肩付け照準を行う

その一方で、四式中戦車（チト）には、派生型車輌の開発計画が存在した。2つは「試製十糎対戦車自走砲（カト車）」で、2つ目は「新砲戦車（ホチ車）」である。前者は、車体こそ新規設計であるが、四式中戦車（チト）の車台を流用したものである（写真4-3）。

昭和20年7月の段階で、70輌の「試製七糎半対戦車自走砲ナト」が製造中だったが、試作車2輌の製造に終わっている（写真4-4）。「試製十糎対戦車自走砲（カト車）」は、ナトの量産第1号車が完成すらしない段階で設計が始まった。しかし、試作1号車の製造中に終戦を迎えた。

火力

四式中戦車（チト）は、「試製チト1号車」と「同・2号車」では搭載する戦車砲が各々異なっていた。前者は57mm戦車砲、後者が75mm戦車砲である。試製チト1号車の57mm戦車砲は、新規開発した長砲身型の火砲であり、「試製五十七粍戦車砲新」と呼称された。

しかし、仮想敵とする連合国軍の戦車ばかりか、邦友ドイツの戦車も重装甲化が著しく、試製チト1号車は搭載する戦車砲とともに、制式化されずに終わる。

これに対し、試製チト2号車が搭載する試製七糎半戦

写真4-7　前方から見た「八九式中戦車」。九七式中戦車までは、人力による砲架の肩付け照準が可能だった。だが、四式中戦車には不可能だ
（写真：かの よしのり）

車砲は、まったくのゼロから新規開発したものではない。四式七糎半戦車砲の砲身を流用し、戦車砲として再設計したものである（写真4-5）。

　そもそも四式七糎半高射砲は、スウェーデンのボフォース社製75mm高射砲M-1929を参考にコピーしたものだ。それはドイツも同様で、75mm高射砲M-1929は88mm高射砲「8.8cmFlak」のベースとなったほど、命中精度や威力に優れた火砲であった。

　さて試製七糎半戦車砲は、昭和19年4月に設計を完了し、大阪陸軍造兵廠（旧・大阪砲兵工廠、昭和15年に改称）により同年7月、2門の試作砲が完成している。

　次に、本砲の射撃および照準についてだが、戦間期における各国軍の戦車は、砲塔の旋回を手動で行っていた。ちなみに、戦間期という語句をご存じない初心者の軍事マニアである読者に説明すると、戦間期とは第一次世界大戦の終結から第二次世界大戦が勃発するまでの、1918年から1939年までの期間をいう。

　そして砲塔の手動操作だが、フランスのルノーFT軽戦車の場合、砲手を兼ねた車長が砲塔内部の取っ手を握り、単純にそれを動かして砲塔を旋回させていた（写真4-6）。日本陸軍の戦闘車輌では、九四式軽装甲車も同じく人力操作である。

写真 4-8　米軍のM2A4軽戦車。九七式中戦車までの日本陸軍戦車と同様、肩付け照準が可能な揺動式砲架をもつ。
しかし、大型化した四式中戦車は動力旋回式の砲塔となり、行進射も容易ではない

　しかし、戦車の発達により車体が大型化すると、砲塔も大きくなって人力操作が困難になってきた。そこで各国軍の戦車は、歯車を用いた機械式手動操作で砲塔を旋回させるようになる。砲塔リングの縁には溝があり、この溝に歯車が噛み合うようになっている。これにより、手回しハンドルを操作することで、砲塔が旋回する仕組みだ。

　ただし、地面の傾斜などで砲塔が予期せず旋回しないように、砲塔駐転機というロック機構を備えていた。つまり、砲塔を任意の方向へ旋回後に一度固定して、射撃前にロックを解除し、微調整をしつつ照準を行い射撃するのだ。

　のちに砲塔の旋回は、油圧や電動などによる動力式となるが、九七式中戦車までの日本戦車は、肩で砲尾（砲架）を操作して「肩付け照準」をすることができた（写真4-7）。戦車砲を撃つとき、砲耳という部分を軸にして垂直方向へ上下させれば、俯仰角を調整できる。これは、他国の戦車でも可能なことだ。しかし、日本の戦車砲には水平方向にも砲耳軸があり、砲身を迅速に目標へ指向できた。

　肩付け照準は、まず砲手の右肩で砲架を担ぎ、右手で

保持する。それと同時に左手で砲塔のロックを解除、砲塔回転機の転把を左手で操作して行う。この肩付け照準により、肩に伝わる車体の振動を身体全体で吸収することにより、低速ながらも走行間射撃ができた。これを別名、行進射とも呼ぶ。

　現代の10式戦車であれば、不整地では舗装路上における最大速度の約半分、時速約35km〜40kmで行進射ができる。これに対し、日本陸軍の九七式中戦車までは、時速約20kmで肩付け照準による行進射が可能だった。

　戦間期の外国戦車では、米軍のM2A4軽戦車も同様で、肩付け照準が可能な揺動式砲架の構造である（写真4-8）。ただし、日本の戦車兵は練度が高く、砲手が職人技ともいえる行進射を行った。

　だが、第二次世界大戦になると、戦車砲の大口径化と砲塔の大型化により、戦車砲の射撃は停止して行うのが基本となる。行進射は不可能ではないが、時速10km以下でノロノロと徐行を強いられ、何発も外したあとにやっと敵戦車を撃破していたのだ。それは、四式中戦車（チト）も例外ではない。

写真4-9　ソ連軍の「KV-1重戦車（1939年型）」。四式中戦車（チト）の最大装甲厚75mmという数値は、KV-1重戦車の前面装甲厚と同じである

現代の戦車であれば、戦車砲の微妙な曲がりを検出する「砲腔照合ミラー」や、射撃時の弾道補正に必要な「風向・風速センサー」、弾薬の温度管理をするための「装薬温度センサー」といった各装置がある。このため、今どきの戦車兵は戦車砲の弾道補正をする際、瞬時に暗算して補正量を求めたり、勘に頼ったりする必要がない。

しかし、四式中戦車（チト）をはじめとする第二次世界大戦時の戦車は、戦車砲の命中精度を猛訓練と職人技でカバーするしかなかった。だから光学式照準器が高性能でも、戦車兵の練度が低ければ、戦車砲を撃っても目標に命中しない。その逆も、また然りなのである。

防護力

四式中戦車（チト）は、車体前面の装甲厚が75mmであり、三式中戦車（チヌ）の50mmに対して1.5倍となった。ほかの部位は車体側面で25mm〜35mm、後面が50mmで、上面は20mmの装甲厚を有していた。砲塔部の装甲厚も全面で75mm、側面および後面で50mmであり、やはり三式中戦車（チヌ）と比較しておおむね1.5倍と増加している。

では、四式中戦車（チト）の最大装甲厚が75mmに決定されたのは、一体なぜだろうか？　それは、日本陸軍が独

ソ戦を分析したところ、当時のソ連が用いていたKV-1重戦車の前面装甲が75mmだったからだ（写真4-9）。

当時、各国の戦車が性能向上により、さらなる重装甲化も予想されてはいた。だが、それに追従するのは容易ではなく、KV-1重戦車と同等の装甲防護力があれば、弾薬の改良や戦術上の工夫で対抗できると考えたのだろう。

機動力

四式中戦車（チト）の搭載エンジンは、新規開発したものである。このエンジンは「三菱ALディーゼル・エンジン」という名称で、別名「四式ディーゼル・エンジン」という。三式中戦車（チヌ）よりも車体重量が10トン以上増加するので、従来の「統制型一〇〇式ディーゼル・エンジン」を用いるのは現実的でない。

では、V型12気筒のシリンダーを増やせばよいかというと、20気筒なら出力的には問題ないが、エンジンが大型化して重くなる。このため、シリンダーの数は12気筒で変化ないが、個々のシリンダーをボア・アップ（内径拡大による排気量増加）することにした。これにより、排気量は21,700ccから33,700ccへ、出力も240馬力から412馬力と飛躍的に向上している。

写真4-10　1943年、東部戦線におけるドイツ軍の「V号戦車パンター」。四式中戦車（チト）よりも車体が大きく、重量は44トンもある

写真4-11　ドイツ軍の戦車で、最多生産数を誇る「IV号戦車」。四式中戦車（チト）の車体規模や性能は、パンターよりもIV号戦車に近いだろう

（二）部隊運用と戦術 ～チトが想定した敵戦車

　四式中戦車（チト）は、重量が約30トンに達し、車体規模は諸外国の中戦車に追いついたといえる。火力も防護力も、どうにか世界水準となったが、諸外国ではさらに大型の重戦車が出現していた。

　チトを和製パンターと呼ぶ人もいるが、車体規模や性能面からいえば、むしろドイツ軍のIV号戦車に近いといえる（写真4-10、4-11）。では、もしチトが各国の戦車と交戦した場合は、どのような様相となるのだろうか。

写真4-12 米陸軍の技術教範に掲載された、試作戦車「T-1E1重戦車」の写真。T-1重戦車のなかで、最初に製造されたモデル

　まず、米軍を中心とする連合国軍が、日本本土に侵攻したとしよう。対米戦の末期、日本は本土防衛戦のあり方として、「国土決戦教令」を制定した。これは、米軍など連合国軍の上陸に備えた戦術マニュアル的な教範で、本土決戦に際し、いかに戦うかを示したものだ。

　チトが想定した敵戦車には、M-4中戦車のほか、米軍の「M-1重戦車」と英軍の「MkⅣ歩兵戦車チャーチル」があった。M-1重戦車は、米国が試作したT-1重戦車がM-6重戦車として制式化されたものを、日本が誤った名称で呼んでいたものである。

　そして、当時の米軍が製造したT-1重戦車とM-6重戦車を合計しても、40輌が量産されただけにすぎない。のちにM-26パーシング重戦車が登場するまで、数のうえでは依然としてM-4中戦車が主力だった。しかし、日本はM-1重戦車が米軍の主力になると判断、仮想敵の筆頭に挙げたのだ（写真4-12）。

　そのM-6重戦車は、M-4中戦車と比較して全長で1.63m長く、重量は倍近い57.4トンもあった。このため、最大速度は約35kmであり、英国の歩兵戦車ほど鈍重ではない

が、ほぼ同じ重量のドイツⅥ号戦車ティーガーⅠより5km遅い。

　火力についてはM-4中戦車と同口径だが、わずかに威力が向上した76.2mm戦車砲M-7を搭載していた。しかし、ティーガーⅠ重戦車の8.8cm Kwk 36L/56戦車砲と比較して、貫徹力はかなり見劣りがする。

　それでいて、装甲防護力もM-4中戦車よりはマシな程度であり、ソ連のIS-2重戦車ほど装甲は厚くない（写真4-13）。IS-2重戦車は車体前面で120mm、砲塔防盾で160mmの装甲厚といわれるが、ティーガーⅠ重戦車の100mmにも達していないのだ。

　そうなると、M-6重戦車は制式化こそされたものの、存在意義が疑問視されるようになる。このため、今後もM-4中戦車を改良すればよい、という結論に達してM-6重戦車は量産中止になった。性能的に中途半端で、信頼性も低くては、量産中止となるのも必然だったといえよう。

写真4-13　当時としては、重火力・重装甲だった、ソ連軍の「IS-2重戦車」

写真4-14　英軍の「歩兵戦車Mk.Ⅳチャーチル」。英軍歩兵戦車の例に漏れず、鈍重だが重装甲だった

　こうして、チトが想定した米軍の敵戦車だが、実際には
M-6重戦車も量産中止となっている。もし、チトおよび
M-6重戦車が量産されていたならば、両者が交戦する機
会も皆無ではなかっただろう。

　次に、「歩兵戦車Mk.Ⅳチャーチル」だが、最大速度こ
そ約20kmと低速で鈍重である（写真4-14）。しかし、その
全長は7.44mもあった。車体が大きいだけに、超壕力は約
3.7m、超堤力は1.2mと、対戦車障害の突破能力は高い。

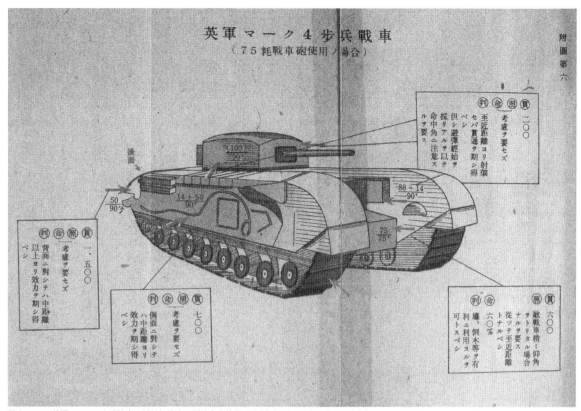

写真4-15　英軍マーク4歩兵戦車の射撃部位（75粍戦車砲使用ノ場合）（写真：防衛研究所戦史部）

　火力に関しては、最初期のモデルだったMk. I型では「QF 2ポンド砲（口径40mm）」だったが、のちに口径75mmの「QF 6ポンド砲」が搭載されている。ちなみに、QFとは「quick-firing（迅速射撃）」の略で、弾頭と装薬が一体型構造の「固定弾」を指す。

　また、2ポンドとか6ポンドとかいうのは、戦車砲弾の重量ではない。火砲が前装式、すなわち先込め式だった時代の名残りで、丸い砲弾の重量である。英軍では伝統的に、火砲の名称を口径ではなく、砲弾の重量で表していた。その一方で、ミリやインチなどの単位を用い、口径で呼び表す火砲も混在していた。現代の英軍では、火砲の口径にはミリに統一して用いている。

　また、装甲防護力であるが、主要部の装甲厚は102mmである。これが、溶接構造になった後期型では、砲塔前面で152mmの装甲厚となった。これにより、本車の防護力は一層強化されている。

　「對戦車戦闘ノ参考」によると、「歩兵戦車Mk. IVチャーチル」に対しては、車体の後面なら射距離1,500mでも貫徹可能としている。しかし、それ以外の部位では、側面で700m、車体前面は600mまで接近する必要があった。

　しかも、車体前面を狙って射撃を行う場合、その命中率は60％にすぎない。さらに、砲塔の前面に至っては、200mの至近距離でなくては貫徹を期待できなかった。この至近距離射撃については、「但シ避弾経始ヲ採リアルヲ以テ命中角ニ注意スルヲ要ス」となっていて、命中弾が跳飛する可能性を示唆している（写真4-15）。

Column

戦車の国産火砲と装甲板
～戦中日本の冶金工学

　戦車を開発するうえで、重要な要素として挙げられるのは、なんといっても戦車砲と装甲板であろう。だが、この2つの部位は戦車開発の肝であり、冶金工学が発達していなければ、高性能な国産戦車を開発できない（コラム4-1）。

　たとえば、海軍の水上戦闘艦が装備する艦砲は、決し

て品質は低くなかった。それどころか、戦艦大和の46cm砲のような優れた火砲も国産している。しかし、その一方で、陸軍の野砲や戦車砲などは、砲身命数や命中精度などの点で、諸外国に今一歩劣っていた。火砲そのものの命中精度不足を、砲手の職人芸ともいえる高い練度で補っていたのだ。

コラム4-1　工場の生産ラインに列をなす、製造中の「三式中戦車」。冶金工学の発達なくしては、高性能な戦車の国産はおぼつかない

また、五式中戦車（チリ）の開発において、その装甲板に水を用いて焼き入れが行われているが、プレスした防弾鋼板が熱で歪んでいる。しかも、この防弾鋼板は、予定した硬度に達していなかったという。

冶金工学の発達は、近代工業国家にとって、工業技術力の基盤が十分に確立されていることで、初めて可能となる。したがって、工業基盤が貧弱だった戦前戦中における日本の冶金工学は、その進歩が諸外国と比較して遅かった。

特に、当時のドイツやソ連は、日本の戦闘車輌や火砲と比較して、優れた性能と高い品質をもっていた。そもそも日本は、旋盤などの工作機械を米国やドイツなどに頼っていた。また、工具や計測器などにしても、米国やドイツ製のほうが精密である。

なにしろ、武器・兵器にしても民生品にしても、工業製品の製造には工作機械が必要になるが、日本の工作機械はほとんどが輸入だったほどである。

対米戦よりも前、第二次世界大戦が勃発すると、ドイツは海上封鎖され、ドイツ製の工作機器は輸入できなくなってしまった。このため日本は、今現在保有している工作機械を使用するしかなかった。現代の日本では、産業用ロボットやNC旋盤などは世界一のシェアを誇るが、当時は国産の工作機械は少なかったのだ。

もちろん、日本にも武器・兵器の優秀な設計者は存在した。軍用機なら、「零式艦上戦闘機（零戦、俗に「ゼロ戦」）」を設計した「堀越二郎」が有名だし、軍艦であれば、「妙高型重巡洋艦」を設計した「造船の神様」こと「平賀譲」がいる（コラム4-2）。

余談だが、日本海軍の「戦艦大和」は、ゼロ戦と並んで有名だ。しかし、それは平賀の設計ではない。彼の影響を受けた、弟子というべき存在の「福田啓二」が主任設計技師だった。

コラム4-2　「造船の神様」と称された、平賀譲の肖像写真

コラム4-3　欧米に「アリサカ・ライフルの設計者」として名を知られる、有坂成章

　銃や火砲の設計者ならば、「十四年式拳銃」で有名な「南部麒次郎（なんぶきじろう）」がいるし、海外では三八式歩兵銃で有名な「有坂成章（ありさかなりあきら）」が知られている（コラム4-3）。というより、正確にいえば有坂成章は三十年式歩兵銃の設計者であって、これをベースに部下の南部麒次郎がマイナーチェンジを施したのが三八式歩兵銃だ。

　だが、こうした設計者の名を、一般の人々はまったく知らない。「堀越二郎（ほりこしじろう）」であれば、宮崎駿氏のアニメ映画『風立ちぬ』で初めて知ったにせよ、航空機に関心がない人々の間でも知名度は比較的高い（コラム4-4）。

　これに対して、日本の戦車設計者は知名度が低い。そればかりか、「零戦」や「戦艦大和」に匹敵するほどに有名な、日本人なら誰しもが知っている陸軍の国産戦車は皆無だろう。戦車の設計者にしても、試製一号戦車や

九七式中戦車の開発に携わった「原乙未生（はらとみお）」は、日本軍マニア以外に知られていない。

　しかし、武器・兵器の開発においては、いくら優秀な設計者がいても、基礎的工業力が低ければ、高性能なものは作れないのだ。21世紀の現代では、中国が日本に代わり「世界の工場」になってしまった。そして、一部の分野では、日本を技術的に凌駕しつつある。

　だが、その域に達するまでに、中国は約40年の歳月を要した。確かに中国の工業製品は、日本製と比較すれば、まだまだ品質も低く故障も多い。しかし、最近では20年前と比較して、中国製品は著しく質的に向上した。武器・兵器のみならず民生品も同様だが、それほどまでに工業基盤の整備は、国産の武器・兵器開発を行ううえで重要なのである。

コラム4-4　若かりしころ、学生時代の堀越二郎。東京帝国大学工学部を首席で卒業した堀越は、後年「零戦」の設計者として有名となる

五式中戦車
（チリ）

写真5-1 終戦後、米軍に接収された「五式中戦車」。砲塔を後方へ指向した状態であるが、戦車砲は未搭載なので、砲身はついていない

日本陸軍戦車理解・其ノ伍
五式中戦車（チリ）

日本陸軍の最強戦車にして、
戦車技術の集大成ともいうべき「五式中戦車（チリ）」。
本車も試作のみに終わったが、火力・防護力・機動力は従来より大幅に向上した。
やっと欧米の戦車に匹敵する水準に達したといえよう。

（一）五式中戦車（チリ）の概要

開発の背景

　本車の開発は、昭和17年9月にさかのぼる。翌年の昭和18年7月、陸軍兵器行政本部は新型中戦車（乙）の要求仕様をまとめ、口径75mmの戦車砲を搭載する35トン戦車として、新規開発することとなった。これが、「五式中戦車（チリ）」である（写真5-1）。

　情報戦で米英の後塵を拝していた日本だが、我が国で

も諸外国の武器・兵器に関する情報には注視していた。もちろん欧米各国軍の新型戦車についても、技術的特徴や戦場での運用など、武官や各種情報組織を通じておおむね掌握している。こうした情報は、朋友ドイツよりもたらされたものだ。

　五式中戦車（チリ）をひと言で評するならば、「和製ティーガー重戦車」といえるだろう。なにしろ開発段階の初期には、トーションバー方式の懸架装置や、千鳥型に配

写真5-2 「V号戦車パンター」の転輪を着脱して整備中のドイツ兵。転輪が千鳥式に配置されていることがわかる

置した大直径転輪の採用も検討されたほどだ。

もっとも、本車の開発時期からすれば、邦友ドイツ軍の「V号戦車パンター」を意識した節がある。全長・全幅などの車体規模からいえば、ティーガー重戦車よりは小さいし、中戦車であるパンターに近い。

だが、五式中戦車（チリ）の量産車が多数完成して実戦で活躍していたら、たとえ戦争に負けたとしても、令和の現代人から「日本陸軍の最強戦車」と呼ばれていただろう。そのような意味では、和製パンターではなく和製ティーガーと呼ぶべきなのだ。

車体構造および機能

五式中戦車（チリ）の構造は、車体も砲塔も全溶接で組み立てられ、直線的な形状からなっていた。車体各部のレイアウトは、前部に変速装置と操縦室、中央部が砲塔と戦闘室を設け、後部にエンジンを配置するというものだった。

これは一見すると、オーソドックスな設計であるが、日本の戦車としては、「初」となる要素を多く取り入れていた。搭載する戦車砲の口径こそ、三式中戦車および四式中戦車と同じだが、半自動装填装置も採用されていたのだ。

また、それに加えて電動旋回式の砲塔や、砲塔バスケットも装備されるなど、従来の国産戦車とは比較にならないほどに機能が充実している。たとえば、砲塔バスケットの装備により、砲塔の旋回に合わせて乗員が移動する必要がなくなった。このため、砲塔内での各種操作が容易になり、乗員の疲労軽減にも役立つ。

本車の砲塔は、四式中戦車（チト）の砲塔をさらに大型化したような、六角形をしている。この砲塔は、直線的な一枚板の装甲を溶接し、このような形状となった。

当初は、車体および砲塔に「被弾径始」を取り入れて、装甲板を傾斜させた構造が検討されている。しかし、製造簡略化を重視したため、車体および砲塔は単純に垂直面で構成することとした。

さらに本車では、トーションバー方式の懸架装置や、ドイツ軍の戦車と同様な、千鳥型に配置した大直径転輪の採用も検討された。だが、前者はともかく後者は採用しなくて正解だっただろう。転輪を2列で千鳥型に配置すれば、転輪の荷重が分散され、転輪1個あたりの重量負担は軽減される。

しかし、その一方で整備性は悪くなってしまう。奥の転輪が損傷して交換する際、手前の転輪も取り外さなくてはならず、作業工数が増加して整備に時間を要するからだ（写真5-2）。また、転輪を千鳥型に配置することで、走

写真5-3　「五式中戦車」搭載用である、試製七糎半戦車砲（長）の原型となった「四式七糎半高射砲」

行時に泥や異物が隙間に入って具合が悪い。

　こうして、結局はオーソドックスな転輪の配置に落ち着いたという。懸架装置については、従来の「シーソー懸架方式」のほか、螺旋状のバネを垂直方向に配置した「弦巻バネ方式」、ねじり棒の反発力を利用した「トーションバー方式」が検討された。

　だが、新規開発では時間がかかることと、既存の製造設備を利用できることから、日本陸軍戦車の伝統ともいえる「シーソー懸架方式」を採用することとした。

生産と部隊配備

　五式中戦車（チリ）は、終戦の時点で試作車1輌を製造したのみで、量産はできなかった。それは四式中戦車（チト）も同様だが、試作車の数は2輌であり、チリより1輌多かった。試作車が1輌だろうと2輌だろうと、それを比較すること自体に意味はない。

　だが、試作車を何十輌も製造する米国は別格としても、他国のように1個中隊約10輌程度の試作車は、製造して然るべきだろう。それができなかったのは、もともと貧しい日本なのに、戦局の悪化で鋼材も不足していたからだ。

　対米戦末期になると、設計者や工具も根こそぎ動員されて、戦車の開発や生産にも支障をきたしたのは事実である。だが、チリの場合は予算も鋼材も配当されないほうが問題で、そのために開発が遅延するに至ったのだ。

　しかも、搭載予定の戦車砲（後述）に不具合が発生したため、試作車の砲塔に戦車砲が搭載されないまま、終戦を迎えている。試作車とはいえ、戦車砲が欠如した姿で米軍に接収されたのは、開発担当者にしてみれば、なんとも格好がつかず残念なことだったであろう。

火力

　五式中戦車（チリ）の搭載する戦車砲は「試製七糎半戦車砲（長）Ⅰ型」というものだった（写真5-3）。本戦車砲の開発当時、ドイツから得た最新情報で、75mm戦車砲を搭載しても、すぐに陳腐化する可能性はあった。しかし、我が国の技術力を鑑みて、88mm砲は時期尚早と判断し、この口径で我慢したのである。

　たとえば、九九式八糎高射砲を戦車砲に転用するには、ゼロからの新規開発ではないが、改修に必要な時間も労力も馬鹿にならない。では、九九式八糎高射砲をそのまま搭載すればよいかというと、これも無理がある。

　もし、九九式八糎高射砲をそのまま搭載したならば、三式中戦車のように、駐退機が外部へ露出することになるだろう。駐退機に被弾したら、損傷する可能性があるから、この方法は好ましいことではない。

　さて、試製七糎半戦車砲（長）Ⅰ型は、半自動装填式だった。砲手が送弾機に弾薬をセットすれば、あとは機械力で弾薬を薬室に送り込んでくれる。この半自動装填機能をなくしたものを、試製七糎半戦車砲（長）Ⅱ型と称したが、こちらは四式中戦車（チト）の試作2号車に搭載された。

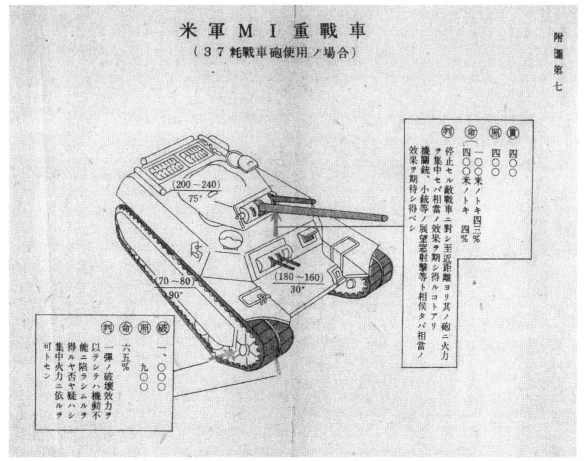

米軍ＭＩ重戦車
（37粍戦車砲使用ノ場合）

附圖第七

判　停止セル敵戦車ニ對シ至近距離ヨリ其ノ砲ニ火力ヲ集中セバ相當ノ効果ヲ期シ得ルコトアリ　機關銃、小銃等ノ展望窓射撃等ト相俟タバ相當ノ効果ヲ期シ得ベシ

命　四〇〇〇米ノトキ　四％

照　一〇〇〇米ノトキ　四三％

貫　四〇〇〇米

（200〜240）
75°

（70〜80）
90°

（180〜160）
30°

判　一弾ノ破壊効力ヲ以テシテハ機動不能ニ陥ラシムルヲ得ルヤ否ヤ疑ハシ集中火力ニ依ルヲ可トセン

命　一、〇〇〇　九、〇〇〇

照　六五％

破

写真5-4　米軍M-I重戦車の射撃部位（37粍対戦車砲使用ノ場合）。チリの副砲で射撃した場合、履帯の破壊が期待できる（写真：防衛研究所戦史部）

本車の武装で特筆すべきことは、75mm戦車砲のほかに、副砲として「一式三十七粍戦車砲」を装備していることだろう。これは、第二次世界大戦の後期から末期に開発された戦車にしては、珍しいといってよい。

戦間期、世界的に多砲塔戦車が流行したことがあった。その多砲塔戦車が、主砲である戦車砲以外にも、より口径が小さな副砲も搭載していた。多砲塔戦車は、火力を全方位に同時指向できるが、使い勝手が悪く短期間で廃れている。

しかし、五式中戦車（チリ）は、主砲の連続発射サイクルが長くなることを考慮し、副砲を装備することにしたという。主砲に次弾装填しようとするとき、不意に敵が現出しても、副砲で射撃を行い撃破できるからだ。

ただし、その敵が対戦車砲や軽装甲車両ならともかく、戦車が不意に現出したら、副砲では撃破できない。

せいぜい、牽制射撃にしかならないだろう（写真5-4、5-5）。ともかく、この副砲に口径7.7mmの同軸機関銃として「九七式車載重機関銃」をワンセットで装備した。さらに、砲塔の左側面にも一挺、九七式車載重機関銃が装備されていたので、従来の国産戦車よりも重火力であったといえよう。

次に砲塔だが、日本の戦車としては非常に大型であり、動力旋回式だった。油圧ではなく電動という点は、当時の日本らしからぬハイテク感がある。だが、砲塔の動力旋回は、機関としてのエンジンとは別に設けた発電用補助エンジン（現代でいえば「APU」）で発電する「電動式」よりも、エンジン回転を利用した「油圧式」のほうが素早いだろう。

たとえば、ドイツ軍のティーガー重戦車の場合、砲塔をクルリと1回転させるのに必要な時間は、エンジンをアイドリングさせた状態で2分40秒もかかる、そしてエンジ

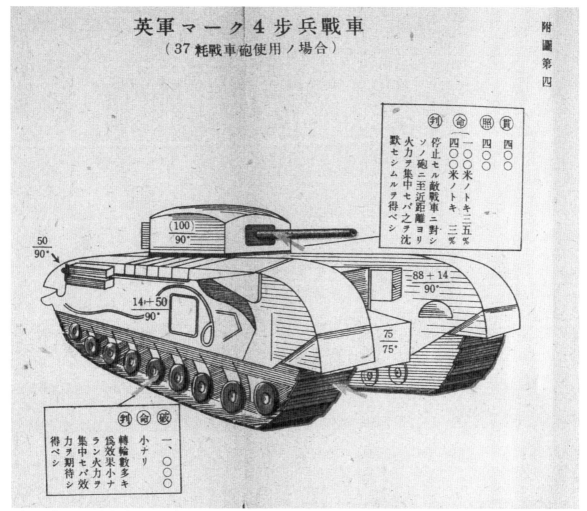

英軍マーク４歩兵戦車
（37粍戦車砲使用ノ場合）

附圖第四

（質）四〇〇
（照）四〇〇
（命）一〇〇米ノトキ三五%
　　　四〇〇米ノトキ三%
（判）停止セル敵戦車ニ對シ
　　ソノ砲ニ至近距離ヨリ
　　火力ヲ集中セバ之ヲ沈
　　黙セシムルヲ得ベシ

（破）一、小ナリ
（命）〇〇〇
（判）轉輪數多キ
　　爲效果小ナ
　　ラン火力ヲ
　　集中セバ效
　　力ヲ期待シ
　　得ベシ

写真5-5　英軍マーク４歩兵戦車の射撃部位（37粍対戦車砲使用ノ場合）。チリの副砲で、かろうじて履帯は破壊できそうだ（写真：防衛研究所戦史部）

ン回転数が1,500rpmのときでも、砲塔を1回転させるのに1分を要した（写真5-6）。

だが、戦闘中の全速走行時や、変速機を中立にしアクセルを全開にしたときは、わずか20秒で砲塔を1回転できるのだ。ただし、油圧式は被弾時に火災が発生することもあり、戦車内部の搭載弾薬が誘爆する原因にもなる。

これに対して、電動旋回式を採用したソ連軍のT-34中戦車であれば、最短14秒で砲塔を1回転することができる（写真5-7）。これは、ティーガー重戦車よりもT-34中戦車の砲塔が軽いからだ。しかし、電動式は砲塔旋回時に負荷がかかりすぎると、モーターが焼けてしまう。

しかも故障も多いうえに、T-34-85中戦車の場合は図のように、砲塔の電動旋回と手動旋回を行うハンドルが兼

用だった。このため、電動と手動の切り替えが不便だったという（図5-1）。

また、五式中戦車（チリ）には、機械式ジャイロを用いた「砲安定装置（ガン・スタビライザー）」の搭載も検討されていた。しかし、砲安定装置を新規開発することは、技術的に可能であっても、試作・量産の遅延と陸軍への納入価格上昇が予想された。このため、日本初となるはずだった砲安定装置の採用は、断念されたという。

防護力

五式中戦車（チリ）の装甲厚は、車体前面で75mm、車体側面が35mm、後面は20mm～35mm、上面が20mm、そして底面が12mmというものだった。この数値は、四式中戦車（チト）と比較してほとんど変化がない。

写真5-6　ドイツ軍のティーガー
重戦車は、砲塔の動力旋回を油圧
で行っていた。写真は1943年、東
部戦線における第502重戦車大隊
の所属車輌

写真5-7　ソ連軍のT-34中戦車は、
砲塔の旋回に電動式を採用した。写
真は「T34-76戦車（1941年型）」

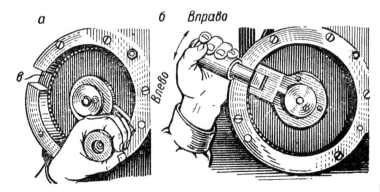

Рис. 53. Поворотный механизм:
а — поворот башни ручным приводом; *б* — поворот башни элек-
троприводом; *в* — вырез

図5-1

ソ連軍のマニュアルに記載
された、T34-85中戦車の
砲塔旋回ハンドル

写真5-8　ドイツ軍のティーガー重戦車に施された「ツィメリット・コーティング」。装甲板表面に刻まれた、波打つような縞模様が印象的だ

写真5-9　航空機用ガソリン・エンジンの「BMW Ⅵ」。「五式中戦車（チリ）」が搭載するエンジンは、これをベースとした九八式軽爆撃機のエンジンを流用したものである

だが、車体の重量増加を抑制したうえで、75mm戦車砲を搭載し、これに応じた出力のエンジンを搭載する設計となれば、この程度の防護力でも仕方がないだろう。

また、開発段階の初期に、トーションバー方式の懸架装置や、千鳥型に配置した大直径転輪の採用も検討していたが、ドイツ軍の「ツィメリット・コーティング」は採用の検討すらしなかったようだ。このコーティングは、磁気吸着地雷対策として、装甲板の表面に施すものである。硫酸バリウムなど数種類からなる成分の非・磁性体粉末を液状にして塗布するが、ドイツ軍以外は模倣・追従しなかった（写真5-8）。

塗布の労力やコストなど、費用対効果を考えれば、それも当然のことだろう。貧乏な1等国の日本にはとても無理だし、敵国が吸着地雷を保有していない場合や、使用しないと判断されれば、採用するわけがないのだ。

機動力

五式中戦車（チリ）は、水冷式Ｖ型12気筒ガソリン・エンジンを搭載していた。これは、大出力の空冷ディーゼル・エンジンが作れなかったためだ。このエンジンは、航空機用のエンジンを流用したものである。

原型となったエンジンは、九八式軽爆撃機のもので、ハ9-Ⅱ乙「川崎九八式八〇〇馬力発動機」という名称であ

る。このエンジンも、もともとはドイツのBMW製航空機用レシプロ・エンジン「BMW Ⅵ」がベースだった（写真5-9）。チリのエンジンは出力550馬力/1,500rpmであり、35トンの車体を走行させるのに十分なものといえた。

最大速度こそ四式中戦車（チト）と同じ45km/hであるが、エンジンの出力は3割以上アップしている。四式中戦車（チト）と比較し、全備重量で約6トン重くなっていることを考慮しても、当時の戦車で45km/hを発揮すれば、立派なものであろう。

後述するが、チリが想定した敵戦車は、米英の中戦車および重戦車だった。これらの戦車は最大速度が約20km～38kmであるから、カタログ値の性能上はチリのほうがやや優速である。しかし、軍用機にしても艦艇にしても、最大速度の優劣を比較することは、あまり意味がない。

むしろ、戦車にとっては最大速度よりも、搭載する戦車砲の貫徹力とともに、敵弾の貫徹を防ぐ装甲防護力が重要だ。また、優れた機動力の指標となるのは、最高速度よりも瞬間的な加速を可能にするトルクである。そして、超壕力や超堤力の優劣は、不整地での機動性に直結するので、これも重要な要素であろう。

こうした点で、チリは最大装甲厚が75mm、航続距離は約180～200kmであり、航続距離こそ「四式中戦車（チト）」よりも劣るが、日本陸軍が従来から装備していた戦

写真5-10　五式中戦車（チリ）の派生型、「試製新砲戦車（甲）ホリI傾斜装甲型」の木型模型

車と比較すれば、ほかの性能・機能のほぼすべてにおいて優れているといってよい。それだけに、たった1輛の試作車のみで、量産できなかったのが悔やまれる。

派生型車輌

なお、本車には派生型として、過給機付きのエンジンを搭載した「チリII」と、チリの車体を流用した対戦車自走砲（砲戦車と呼ばれた）の「ホリ」が存在した（写真5-9）。

まず、チリIIであるが、本車は過給機付き500hp空冷ディーゼル・エンジンに変更したものである。このエンジンは、「四式ディーゼル・エンジン」といわれており、戦後に米軍が本国へ輸送し、接収兵器試験を行ったとされる。チリIIは、図面が引かれたものの、試作に移行することなく計画のみで終わっている。

一方でホリは、試製十糎戦車砲（長）を搭載した対戦車自走砲だった。チリ車の車体をベースとしたもので、固定式の戦闘室をもつ。車体前面の装甲厚は125mmに達し、完成すれば戦車よりも重装甲となるはずであった。

計画案には「ホリI」と「ホリII」の2種があり（写真5-10）、前者はドイツ軍のエレファント重駆逐戦車に似た外観で、後者はヤークトティーガー重駆逐戦車に類似したものだった（写真5-11、5-12）。チリIIが計画段階で終わったのに対し、ホリは試作車の製造まで漕ぎつけたが、完成前に終戦を迎えている。

ところで、初心者の戦車マニアの読者には「砲戦車って、なんだ？」と思う方もいるだろう。砲戦車とは、戦車部隊が装備する、固有の対戦車自走砲である。

自走榴弾砲なら、本来は砲兵の装備品であるし、対戦車自走砲なら歩兵の装備品だ。しかし、帝国陸軍の制度上、その名称では戦車部隊では使用できない。そこで、「砲戦車」という呼称を用いて、戦車部隊の装備としたものである。

（二）部隊運用と戦術 〜チリが想定した敵戦車

対機甲戦闘（対戦車戦闘）
……チリが想定した敵戦車

「對戦車戦闘ノ参考」によれば、「五式中戦車（チリ）」の仮想敵として、四式中戦車（チト）と同様に、米国の「M-1重戦車（M-6重戦車）」と、英国の「歩兵戦車Mk.IVチャーチル」を考えていたようだ。

では、この2車種の戦車およびM-4中戦車を仮想敵とした場合、チリはどのようにして戦ったのだろうか。「對

写真5-11 「ホリⅠ」が参考にしたと思われる、ドイツ軍の重駆逐戦車「エレファント」

写真5-12 「ホリⅡ」は、ドイツ軍の「ヤークトティーガー重駆逐戦車」に類似した砲戦車である

戦車戦闘ノ参考」によれば、交戦時の有効射距離は、「歩兵戦車Mk.Ⅳチャーチル」の砲塔前面100mm（傾斜90度＝垂直）や、車体前面上部84mm（傾斜90度）では1,500mとされている。

一方、M4中戦車の車体前面上部65mm（装甲板の傾斜35度）で300～500m、車体前面下部65mm（直角に近い部分）では2000m以上でも貫通する、と分析している。

これらの数値は、使用弾種が「一式徹甲弾」を用いた場合のものだが、米軍の戦車を多少は過大評価していたこ

とを差し引いても、チリの試製七糎半戦車砲（長）でなんとか対抗できそうだ。重戦車の装甲は、条件次第で貫徹できるし、M4中戦車が相手なら十分戦えるだろう。

ただし、火力で米英軍の戦車に互するとしても、我が装甲防護力には不安がある。したがって、初弾必中でなければならない。もし、初弾を外して反撃されたら、被弾してチリが撃破される可能性は高いのだ。

歩兵支援戦闘

　本車は、米英の重戦車を仮想敵とした対戦車戦闘を重視し、歩兵支援戦闘は副次的なものに過ぎなかった。それは、日本陸軍でいえば速射砲隊のような、対戦車戦闘の専門部隊よりも、戦車のほうが技術的な進化が早かったからだ。

　このため、戦車の火力・装甲防護力・機動力が向上していく速度に対し、対戦車火器の大口径化も自走化も追いつかず、性能面で戦車に先んじることはできなかった。それは、航空機の進化に高射砲の発達が追いつかなかったことと似ている。

　そこでたいていの場合、各国とも最新戦車の派生型として、あるいは旧型戦車を活用するかたちで、自走対戦車砲が開発されているのだ。なぜなら、対戦車砲が大口径になれば、必然的に重くなるからで、馬なりトラックなり牽引する手段が必要になる。

　馬匹牽引の場合、馬が多くなれば御するのが大変で、せいぜい6頭立てが実用上の限界だ。しかも、兵站上は飼葉の補給も手間である。そこですべての対戦車砲を自動車牽引するか、自走化してしまえ、ということになるのだが、それが達成できたのは米軍だけだった。

　したがって、たとえ「五式中戦車（チリ）」が一定数量産されていたとしても、対戦車戦闘専門に任務を付与されただろう。なぜなら、本車が日本陸軍における最強戦車であり、自走対戦車砲の不足を補うはずだったからだ。

　もちろん、戦車部隊が単独で対戦車戦闘を行うことはできる。そうでなければ、戦車の意味がない。しかし、戦車には死角が多いから、速射砲や砲兵火力と連携して戦闘することは重要である。また、歩兵との相互支援や、工兵の対戦車障害も活用しなくてはならないだろう。

　もっとも、敵は制空権をほぼ掌握しており、本土侵攻の初期段階で我が航空戦力を地上で撃滅しようとする。これを航空撃滅戦というが、飛行場に存在する戦闘機が全滅したら、戦車部隊の機動防御も困難となってしまう。

　きわめて限定された局地的航空優勢の下であれば、戦車部隊も昼間に行動できる。しかし、本土決戦を行うような状況下ともなれば、そうした機会は少ない。だから部隊の移動は夜間に行い、日中は行動を秘匿して、徹底した伏撃を行うのが最善の方法ではなかろうか。

写真5-13　陸上自衛隊広報センターの展示品で、戦後の自衛隊が使用した「61式象限儀」

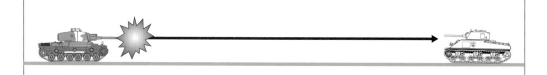

直接照準射撃と間接照準射撃の違い

直接照準射撃

砲手（射手）から直接視認できる、見通し線上に存在する目標に対する射撃

間接照準射撃

砲手（射手）から直接視認できず、遠距離に存在する目標に対しての射撃

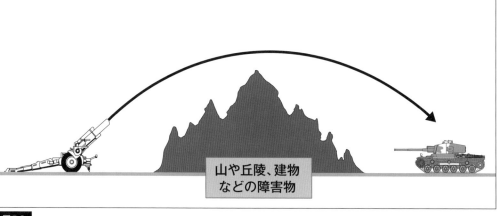

山や丘陵、建物
などの障害物

図5-2

戦車砲による間接照準射撃

　戦車砲の射撃は、直接照準射撃が基本である。つまり、目標が見通せる射線上の敵に対し、直接狙って撃つわけだ。しかし、戦車も砲兵のように間接照準射撃（以下、間接射撃という）を行うことがある。間接射撃とは、図のように建物や丘陵・山などの向こうに存在する、視認できない遠距離目標を撃つことをいう（図5-2）。

　本項では、軍事マニア諸氏にもあまり知られていない、

戦車の間接射撃について述べる。少々長くなるが、おつきあいいただこう。第二次世界大戦においては、砲兵の野砲が砲身を水平にし、戦車を直接照準で射撃することも多かった。ところが、これとは逆に、密集している敵歩兵や車輌部隊に対し、戦車による間接射撃が行われている。

　ただし、敵歩兵や車輌部隊を攻撃する手段がほかにない場合にかぎってではあるが、戦車が間接射撃を行うのである。日本陸軍での戦例はあまり聞かないが、独ソ戦や朝鮮戦争では、ソ連軍や米軍も戦車で間接射撃を行っ

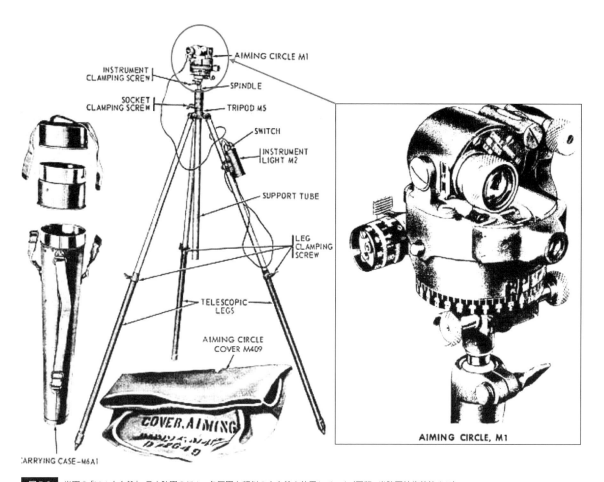

AIMING CIRCLE M1

INSTRUMENT CLAMPING SCREW

SOCKET CLAMPING SCREW

SPINDLE

TRIPOD M5

SWITCH

INSTRUMENT LIGHT M2

SUPPORT TUBE

LEG CLAMPING SCREW

TELESCOPIC LEGS

AIMING CIRCLE COVER M409

COVER, AIMING

CARRYING CASE—M6A1

AIMING CIRCLE, M1

図5-3 米軍の「M-1方向盤」。日本陸軍のほか、各国軍も類似の方向盤を使用していた（図版：米陸軍技術教範より）

ている。

　戦車による間接射撃だが、米軍の教範を例としよう。M-4中戦車を装備している戦車中隊の場合、戦車小隊は各々2個の「M1918パノラマ眼鏡」をもっている。パノラマ眼鏡とは、潜望鏡に類似した構造の光学機器で、本来は砲兵が間接照準射撃を行う際に使用するものだ。

　もともと、このM1918パノラマ眼鏡は、塹壕の掩体から射撃する機関銃用の照準眼鏡だった。これを砲兵の機材として転用したのだが、砲兵が使用するときは三脚架に載せて使う。戦車の間接射撃でも同様で、車内に装備された戦車砲の照準眼鏡ではなく、このパノラマ眼鏡（または、方向盤）を使用する。

　当時の米軍は、戦車部隊でひんぱんに間接射撃を行うわけでもないのに、そうした砲兵の機材を保有していたのだ。また、戦車が間接射撃を行う際の機材として、ほか

に「象限儀」と「方向盤」がある。前者は射角、後者は方位角を求める際に使う（写真5-13、図5-3）。

　ところが現代の戦車は、間接射撃はまず行わない。また、砲兵の榴弾砲も直接照準射撃の機会はないだろう。だが報道によれば、ウクライナ軍のT-64BV戦車がロシア軍に対し、たびたび間接照準射撃を実施しているようだ（写真5-14）。

　これは、ウクライナ軍に榴弾砲などの長射程火力が不足しているための代替手段であるが、現代では非常に珍しい。しかも、125mm戦車砲の破片榴弾（HE-FRAG、破片効果榴弾とも呼ぶ）を20発も使用した甲斐があって、10,600m先のMT-LB装甲車2輌を見事に撃破している。

　恐らく、約10km先の目標を撃破したのは、戦車による最長撃破距離の世界記録であろう。一方で、特別軍事作戦と称し、ウクライナに全面侵攻したロシア軍の戦車は

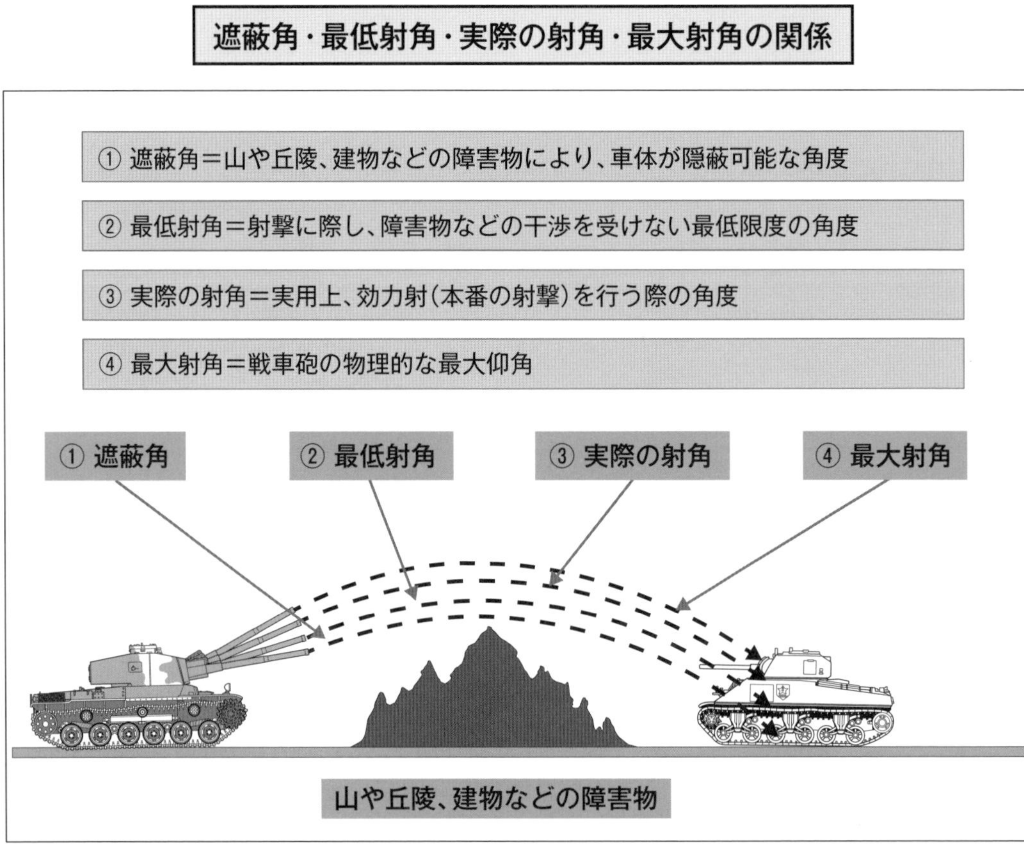

遮蔽角・最低射角・実際の射角・最大射角の関係

① 遮蔽角＝山や丘陵、建物などの障害物により、車体が隠蔽可能な角度

② 最低射角＝射撃に際し、障害物などの干渉を受けない最低限度の角度

③ 実際の射角＝実用上、効力射（本番の射撃）を行う際の角度

④ 最大射角＝戦車砲の物理的な最大仰角

| ① 遮蔽角 | ② 最低射角 | ③ 実際の射角 | ④ 最大射角 |

山や丘陵、建物などの障害物

図5-4

どうかといえば、そうした話は伝わってこない。

世界的にも、現代の各国軍で戦車による間接射撃訓練を行っているのは少数派だ。自衛隊や米軍などは、マニュアルに記載されていても、そうした訓練はほとんど行わないそうだ。実弾射撃訓練まで実施するのはほかに中国人民解放軍や、せいぜい朝鮮人民軍（北朝鮮）くらいだろう。

電撃戦に失敗し、戦力的に格下のウクライナ軍を相手に大苦戦しているロシア軍のことである。戦闘車輌も火砲も大損害により多数を喪失しているとすれば、戦車を榴弾砲代わりにして、間接射撃を実施しそうなものだ。

戦車が間接射撃を行う際は、正確な射角および方位角のデータをもとに戦車砲を撃つ。なぜなら、戦車からは目標が直接見えないからである。そのために、象限儀と方向盤（あるいは、パノラマ眼鏡）を用いるのだ（写真5-15）。

米軍M-4中戦車の戦車砲マニュアルによれば、戦車の

間接射撃は次のように行う。まずは、目標の概略方向に基準点を設ける。この位置に、砲兵の野砲や歩兵の迫撃砲などで使用する「標桿（英語でAiming Post＝エイミング・ポストと呼ぶ）」を立てる。民間の測量でもおなじみの、赤白の棒だ（写真5-16）。

この際、戦車砲の射線方向に1本目を（たとえば、戦車の前方2時の方向10m）、さらに奥方向へ2本目（1本目から奥方向へ10m）を立てるという具合だ。立てるといっても、容易に倒れないように地面へ数cmは打ち込まなくてはならない。

この遠近2本の標桿をパノラマ眼鏡で覗いたとき、1本に重なって見えるようにする。ちなみに、現代ではパノラマ眼鏡や方向盤ではなく、コリメーターという機材で概略方向の照準を行う。

概略方向決定後、戦車の砲塔を旋回し、その方向へ砲身を指向する。次に、象限儀で目標までの射距離に応じた射角を付与、戦車砲の仰角を決定。あとは撃つだけだ（図

5-4）。このとき、徹甲弾を使用することはまずない。通常は榴弾を使う。砲手は、弾種選択を誤らないように注意する。

　戦車の間接射撃は、概略このような手順で行う。ただし、戦車砲は野砲のように大仰角では射撃できないから、ウクライナ軍の戦例にもあるように、せいぜい10kmの射距離にとどまるだろう。それでも、ほかに手段がないときは、戦車も「代用砲兵」と化すのである。

　現代では、軍用ネットワークのデータリンク機能により、有人・無人の偵察機などを経由して、容易にGPS座標が得られる。しかも、その数値を6桁のUTM座標（ユニバーサル横メルカトルの略、軍隊で用いる）に自動変換してくれる時代である。ウクライナ軍も、無人偵察機や市販の偵察用ドローンを用いて間接射撃を行った。だから、戦車がみずから目標を標定しなくても、比較的簡単に間接射撃を実施できるのだ。

写真5-14　ウクライナ軍第30旅団の「T-64BV」。ウクライナ軍も、無人偵察機や市販のドローンを用いて間接射撃を行った

写真5-15　1970年代まで使用されていた、陸自の「JM12A7Cパノラマ眼鏡」。第二次世界大戦時に日本陸軍や各国軍で使用されていたものとほぼ同様（写真：あかぎひろゆき、筆者蔵）

写真5-16　間接射撃を行う前に、概略方向に基準点を設けるため測量を行う陸自の特科（砲兵）隊員。モノクロ写真で色がわからないと思うが、赤白の棒が「標桿」（写真：防衛省）

Column 日本陸軍戦車部隊の兵站と教育訓練

　まず兵站についてだが、軍隊は衣・食・住のすべてを自己完結で賄える組織である。このため、どこの国でも軍隊の補給・整備をないがしろにしないのが建前となっている。日本陸軍も同様で、輜重兵科を「輜重輸卒が兵隊ならば、蝶々蜻蛉も鳥のうち」と揶揄していたのは事実だが、決して兵站を軽視していたわけではない。

　当時の日本は、一等国を自称する国のなかでもっとも貧乏であった。その国力からすれば、戦闘兵科の正面装備（武器・兵器）をそろえるのが精一杯で、兵站部門の充実に手が回らなかったのが実際のところだ。なにやら現代の自衛隊と似ているが、軍隊が使用する国家の資源・予算・人材は有限である。

　そのかぎられたリソースの配分は、優先順位に従って決定される。現代の自衛隊や各国軍でも同様だが、どうしても航空機や艦艇の調達が優先され、戦闘車輌や火砲の調達は後回しになるものだ。さらに、燃料・弾薬・糧食などの補給や、武器・兵器を維持するための整備に必要な予算も資源も限定されるとなれば、結果的に人々の目に兵站軽視と映ってしまう。国力的に兵站を重視したくても、できなかったのだ。

　このように、日本陸軍の兵站業務は輜重兵科が担っていた。戦車部隊の後方へ補給・整備の専門部隊が展開し、段列と呼ぶ兵站エリアを設けるのだ。ここで、戦車の燃料・弾薬を補給して整備を受ける。車載工具では不可能な修理や、エンジン換装まで行うが、日本の戦車はドイツの戦車と比較して、整備性は悪くなかった（コラム5-1）。

　次に教育訓練についてだが、戦車の操縦訓練は大変なものだったそうだ。なにしろ当時の日本における新人戦車兵は、自動車の運転を経験したことがないものが大半である。自動車のようなハンドルではなく、操向レバーを操作して戦車を操縦するとはいえ、乗り物の運転経験の有無は決して無視できない。

　それどころか、日本では軍隊への入営に際して、生まれて初めて乗合自動車（バス）での移動を体験し、山村からやってきたものもいたほどである。この点、当時すでにモータリゼーションの発達していた米国では、自動車の保有台数が日本よりも桁違いに多かった。

　このため、陸軍に入隊する前から自動車の運転ができる米国人はザラにいた。そうした人々が米軍の戦車兵となるのだ。日米における、この環境の違いは大きかっただろう。

コラム5-1　1944年、ドイツ軍ティーガーⅠ重戦車の野外における、「マイバッハHL210P45型ガソリン・エンジン」の換装。ドイツの戦車は凝った設計が災いし、兵站上、整備に大変な手間を要した

日本自動車史によれば、対米戦の開戦した年、すなわち昭和16年度（1941年）末における日本の自動車保有台数は、たったの19万8千台である。この数字は、軍用の自動貨車（トラック）だけでなく、自家用車やバス・タクシーなど民生用の自動車も含めての台数だ（コラム5-2）。

これに対して米国は3489万4千台と、日米間には圧倒的な差があった。ちなみに、令和3年度（2021年）末の日本は、自動車保有台数が8234万8千台となっている。

米軍においては、図解や写真が豊富な訓練マニュアルの存在も相まって、他国の新人戦車兵よりも戦車操縦の習熟が早かった。また、戦車操縦の実技だけでなく、座学に関しても同様だ。戦車各部の構造機能をはじめ、操縦に必要な諸装置および計器類にしても、その名称を覚えることから教育が始まる。

当時、自動車や戦車のハンドルは「転把（てんぱ）」、アクセルを「噴射旋板（ふんしゃせんばん）」、そしてタイヤを「輪帯（りんたい）」と称したように、戦車の諸装置や各部品の名称も、新人の戦車兵や整備兵には難解な日本語だった。

ちなみに輪帯とは、厳密にいうと木製スポーク式車輪の地面に接する部分（トレッド面、鉄製で帯状をしたもの）のことである。輪帯は、車輪の学術的な呼び方で、軍隊では教育や実務などに用いられた言葉だ。当時の新人戦車兵や整備兵は、こうした難解な専門用語を覚えることで、初めて座学の内容を理解できるようになったのである。

コラム5-2　九五式軽戦車とともに米軍の手に落ちた、戦車第十六聯隊の「九四式自動貨車」。日本には、こうしたトラックを大量生産するだけの国力はなかった

ガルパンゆかりの地
茨城県大洗町へGO!!

（写真：あかぎ ひろゆき）

鹿島臨海鉄道大洗駅の全景

鹿島臨海鉄道の制服を着用した、ガルパンのキャラクターが描かれている

大洗駅のショップ脇に展示された、キャストなど関係者のサイン色紙

大洗駅の正面には、壁面にパネルが設置されている

大洗駅前の風景

駅前のロータリーには、大洗名物「カジキ」のオブジェが設置されている

大洗駅前にて、客待ち中のガルパン ラッピングタクシー

ガルパン ラッピングタクシー

大洗町のランドマークでシンボル的存在の大洗マリンタワー。地上60mで、2階にガルパン喫茶がある

大洗ガルパンギャラリーの
巨大看板。太陽光線の都合
により、影が差し込んでし
まった

ラッピングが施された、「大洗まいわい市場」のワゴン車

劇中で、九五式軽戦車が手すりに乗って走行した、
ショッピングモールのエスカレーター

ガルパン関連の展示および各種グッズを販売している
大洗ガルパンギャラリー

劇中にも登場した、旅館民宿 大勘荘

旅館民宿 大勘荘

ガルパン・ファンも御用達の
旅館民宿 大勘荘の看板

大洗町役場も、劇中で破壊されている

書店兼薬局の「江口又新堂
(えぐち ゆうしんどう)」。
もとろん、ガルパン関連の
書籍も豊富だ

劇中に登場した
大洗シーサイドホテル

側面から見た大洗シーサイドホテル

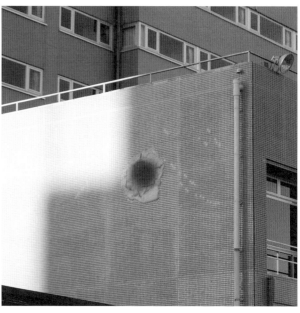

大洗シーサイドホテルの壁面には、弾
着で生じた破孔も再現されている

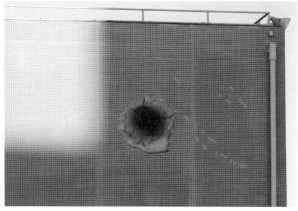

生憎、撮影時間のタイミングにより
影で見づらいのだが、破孔部分の
アップである

アクアワールド茨城県大洗水族館を正面より望む

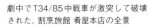

アクアワールド茨城県大洗水族館

大洗名物みつだんごで人気の味の店 たかはし

劇中でT34/85中戦車が激突して破壊
された、割烹旅館 肴屋本店の全景

県指定文化財となっている「大洗磯前神社」の拝殿。ちなみに磯前は「いそまえ」ではなく、「いそさき」と読む

神社の公式なガルパン巨大絵馬

参拝者の絵馬掛け所。もう1カ所ある絵馬掛け所は、ガルパン絵馬が多数かけられている

奉納されたガルパン絵馬

大洗磯前神社には、日本海軍の軽巡洋艦・那珂の慰霊碑がある

慰霊碑の全体像

軽巡「那珂」の艦影

軽巡「那珂」の艦歴が刻まれている

筑波山の「ご来光」もよいのだが、大洗の「初日の出（下の写真）」も一度はご覧になってはいかがだろうか

鳥居から太平洋を望む

写真提供：大洗磯前神社

あとがき

　本書は、「国本康文氏（軍事ライター）」に書いてもらいたかった1冊である。同氏は『歴史群像』などミリタリー雑誌の寄稿記事も多いうえ、戦車に造詣が深い。また、戦車など武器・兵器の設計図面を2500枚（！）も所有することで知られ、より説得力のある記述ができるからだ。

　戦車に造詣が深い方といえばもう一人、旧ソ連およびフィンランドの安全保障政策を専門とする「斎木伸生氏（軍事評論家）」が有名であろう。近年は、欧州戦跡巡りにご多忙の様子だが、戦車や戦史に関する著書は数十冊にもなる。

　だが、両氏が三式中戦車・四式中戦車・五式中戦車について言及し、1冊にまとめた本がなかなか世にでない。そこで、力量不足と自覚しつつも、筆者ごときが本書を上梓することにした。

　ちなみに本書では、現代の「ロシアによるウクライナ侵攻」の戦例を過去の戦訓と対比し、戦史を学ぶことの重要性についても説いた。さらに、戦車ではなく航空機だが、著者のリベット打ちの体験談や、戦車の間接照準射撃を語る戦車本は、本書が初だと自負している。

　ところで、拙著『陸上自衛隊戦車戦術マニュアル』（秀和システム 刊）の書評で「ウクライナ戦争について、もっと言及してほしかった」とあったが、それは無理だ。ウクライナ侵攻前の1月に脱稿したから書けなかったのだが、そのぶん本書において言及した次第である。

　最後に、本書の記述事項について不正確な点があれば、それは筆者の責任である。某タレントではないが「笑って許して」いただければ幸いに思う。

2023年1月　著者記す

主要参考文献（順不同）

『太平洋島嶼戦 ～第二次大戦 日米の死闘と水陸両用作戦』（瀬戸利春 著、作品社 刊）

『地獄のX島で米軍と戦い、あくまで持久する方法』（兵頭二十八 著、四谷ラウンド 刊）

『技術戦としての第二次世界大戦』（兵頭二十八・別宮暖朗 著、PHP研究所 刊）

『對戦車戦闘ノ参考』（防衛研究所 蔵）

『米軍戦法早わかり（米軍ノ上陸作戦）』（防衛研究所 蔵）

『日本陸軍戦闘詳報』（防衛研究所 蔵）

『ノモンハン事件関連史料集』（防衛研究所 刊）

『戦車操典』（陸軍省 編）

『戦車 装甲車 操縦教範』（教育総監部 編）

『自動車操縦教範』（陸軍省 編）

『米陸軍野戦教範 FM3-20.15 Tank Platoon』（米国防総省 刊）

『米陸軍技術教範 TM9-759 TANK,MEDIUM,M4A3』（米国防総省 刊）

『防衛庁戦史叢書（各巻）』（防衛研究所戦史部 編 / 朝雲新聞社 刊）

『戦闘戦史（前・後編）』（陸上自衛隊富士学校 編）

『機甲戦　用兵思想と系譜』（葛原和三 著 / 作品社 刊）

『戦車の戦う技術』（木元寛明 著 /SB クリエイティブ 刊）

『戦車第五大隊戦記』国本康文 著 / 国本戦車塾 刊（同人誌）ほか、各巻

『WW2 イギリス・フランス・イタリア・フィンランド・ハンガリーの戦車』斎木伸生、白石光、瀬戸利春、田村尚也、宮永忠将、吉川和篤・共著 / イカロス出版 刊

※ほか、多数の市販図書および各Webサイトを参考とさせていただきました

取材など協力・写真提供 (順不同・敬称略)

・陸上幕僚監部広報室

・陸上自衛隊武器学校広報援護班

・防衛研究所戦史部

・バンダイナムコフィルムワークス

・茨城県大洗町商工会

・鹿島臨海鉄道

・大洗シーサイドステーション

・ステキみっかび発信プロジェクト (SM@Pe)

・有限会社ファインモールド

・産経新聞社

・中日新聞社

・Wikipedia (クレジット表記のない写真)

※ほか、多数の団体・個人様にご協力をいただきました。厚くお礼申し上げます

Index

【著者紹介】

あかぎ ひろゆき

　昭和60年、陸上自衛隊第5普通科連隊（青森）に入隊。新隊員前期教育課程を受ける。東北方面航空隊（霞目）にて新隊員後期教育課程、その後、東北方面飛行隊（霞目）に配属。以後、武器補給処航空部（霞ヶ浦）、補給統制本部航空部（十条）、関東補給処航空部（霞ヶ浦）に勤務、平成15年に腰痛のため、2等陸曹で依願退職。

　第31普通科連隊（武山）、東部方面後方支援隊第302弾薬中隊（霞ヶ浦）の即応予備自衛官としても勤務しつつ、執筆活動を行う。現在は、即応予備自衛官を定年となり、ただの予備自衛官。

　おもな著書に『陸上自衛隊 戦車戦術マニュアル』（秀和システム）、『戦車男（せんしゃマン）』（光人社）、電子書籍『世界の最強特殊部隊Top45』（ユナイテッドブックス）、『兵器の常識・非常識』（パンダパブリッシング）などがある。共著としては『世界最強兵器Top135』（遊タイム出版）、『歩兵装備完全ファイル』（笠倉出版社）などがある。

【監修者紹介】

かの よしのり

　1950年生まれ。自衛隊霞ヶ浦航空学校卒業。北部方面隊勤務後、武器補給処技術課研究班勤務。2004年定年退官。世界各国の百種類以上の小火器を実際に射撃し、長年狩猟にも親しむ。

　おもな著書には『鉄砲撃って100!』『スナイパー入門』（光人社）、『最新兵器データで比べる 中国軍vs自衛隊』『自衛隊89式小銃』（並木書房）、『銃の科学—知られざるファイア・アームズの秘密』『狙撃の科学—標的を正確に打ち抜く技術に迫る』（SBクリエイティブ）、『自衛隊vs中国軍』（宝島社新書）、監修としては『陸上自衛隊 戦車戦術マニュアル』（秀和システム）などがある。

【イラスト】箭内祐士

幻の日本陸軍中戦車
チト＋チヌ/チリ マニアックス

| 発行日 | 2023年 2月24日 | 第1版第1刷 |

| 著　者 | あかぎ　ひろゆき |
| 監　修 | かの　よしのり |

| 発行者 | 斉藤　和邦 |
| 発行所 | 株式会社　秀和システム |

〒135-0016
東京都江東区東陽2-4-2　新宮ビル2F
Tel 03-6264-3105（販売）Fax 03-6264-3094

| 印刷所 | 三松堂印刷株式会社 | Printed in Japan |

ISBN978-4-7980-6865-7 C0031